AF363674

NOTIONS
D'AGRICULTURE

A L'USAGE

des Ecoles rurales et des Campagnes

PUBLIÉES SOUS LES AUSPICES ET AVEC LE CONCOURS DU
CONSEIL GÉNÉRAL DES DEUX-SÈVRES

Et dédiées à son Président M. LE GÉNÉRAL ALLARD

PAR

R. GUILLEMOT

Professeur d'Agriculture du département des Deux-Sèvres
chargé de l'Enseignement agricole à l'école normale de Parthenay,
ancien Élève et ancien Répétiteur à l'Ecole nationale
d'Agriculture de Grandjouan.

SEPTIÈME ÉDITION

PARIS

LIBRAIRIE CH. DELAGRAVE

15, RUE SOUFFLOT, 15,

1883

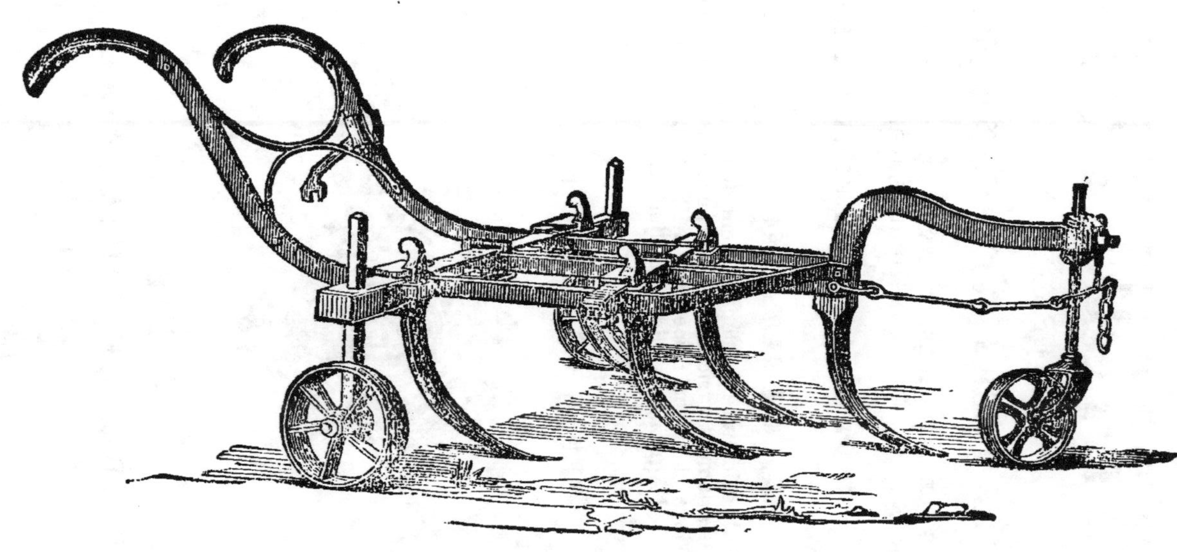

Fouilleuse Bodin. — Prix : 80 fr.

A MONSIEUR

LE GÉNÉRAL ALLARD

PRÉSIDENT DE SECTION AU CONSEIL D'ÉTAT

TÉMOIGNAGE DE RESPECT ET DE RECONNAISSANCE.

Monsieur le général,

Ce n'est pas seulement par un sentiment de gratitude personnelle que j'inscris votre nom en tête de ce livre, c'est aussi pour témoigner de la dette de reconnaissance que tous les amis de l'Agriculture ont contractée vis-à-vis de vous pour les services que vous lui avez rendus, et les progrès que vous lui avez fait faire. Comme tous les esprits supérieurs, vous avez compris que dans sa prospérité était la grandeur des peuples, qu'en élevant le niveau de leur bien-être elle élevait aussi celui de leur intelligence et de leur moralité. Aussi, vos courts loisirs lui ont-ils été consacrés. Ce n'est pas en vain. Pour qui voudrait s'en assurer, il n'aurait qu'à jeter les yeux sur le département des Deux-Sèvres, et le comparer à ses voisins : il y verrait les Comices plus largement dotés que partout ailleurs et un plus grand nombre d'institutions destinées à faire progresser la culture du sol. Ce livre, dont l'idée première vous appartient, est encore une preuve de votre sollicitude pour les populations rurales des Deux-Sèvres ; vous avez voulu les mettre à même de s'instruire dans l'art qui fait leur richesse.

Sur un théâtre plus restreint, dans la circonscription du Comice de Parthenay qui a l'honneur de vous avoir pour président, quels progrès ne vous sont pas dus !

La chaux est venue réchauffer le sol froid de la Gâtine, et des terres qui, sans elle, seraient restées à tout jamais incultes, se chargent maintenant chaque année de récoltes. La vieille et imparfaite charrue du Bocage se voit chaque jour remplacée par des araires construits sur des modèles répandus dans le pays par le Comice. La machine à battre a pris partout la place du fléau. Le froment s'est substitué au seigle, et ce ne sera pas, monsieur le général, un de vos moindres titres à la reconnaissance du pays que d'avoir changé en pain de froment le pain de seigle de toute une contrée. S'il a été beaucoup fait, il reste beaucoup à faire, et les populations agricoles des Deux-Sèvres comptent encore, monsieur le général, sur votre puissante initiative.

Le livre dont je vous prie, monsieur le général, de vouloir bien agréer l'hommage, ne contient rien de nouveau en Agriculture. j'ai tout simplement réuni les connaissances agricoles les plus usuelles, celles que tout cultivateur devrait posséder. Mon intention a été de faire un livre assez clair pour être compris des enfants des écoles rurales, et assez complet pour leur servir dans la suite ; car la lecture d'ouvrages agricoles dans les écoles primaires ne leur profitera pas seulement par les notions qui leur en resteront, mais bien aussi en leur donnant la clef de livres qu'ils pourront plus tard consulter avec fruit. Heureux si j'ai réussi et si ce modeste ouvrage peut être le point de départ de quelques progrès pour cette science à laquelle ma vie est consacrée.

J'ai l'honneur, monsieur le général, d'être, avec le plus profond respect, votre tout dévoué et obéissant serviteur.

L'AUTEUR,

R. GUILLEMOT.

Parthenay, 10 mai 1866.

NOTIONS
D'AGRICULTURE

1re LEÇON.

Définition. — Sol.

L'Agriculture, d'après le sens que l'on attache généralement à ce mot, comprend deux parties : l'une théorique et l'autre pratique.

La partie théorique embrasse toutes les connaissances agricoles. Elle constitue une science, dont le but est d'enseigner les moyens les plus propres ([1]) à obtenir les produits des végétaux, de la manière la plus parfaite et la plus économique.

La partie pratique s'occupe exclusivement de l'application matérielle des principes de la science et de l'exécution des différents travaux agricoles.

Les différents sujets d'études de la science agricole sont : le sol, le sous-sol, les amende-

---

1. Il pourra paraître étrange que je ne mentionne pas les produits animaux, parmi ceux de l'Agriculture. C'est que les connaissances qui se rattachent à cette production, constituent une science distincte qui porte le nom de zootechnie ou économie du bétail.

ments, les engrais, les instruments, les façons culturales, la culture des différentes plantes, les assolements et les systèmes de culture. Ce sont ces différentes questions qui seront traitées dans le cours, et dans l'ordre où elles sont indiquées ici.

Sol. — Le sol arable est la couche la plus superficielle de la terre remuée par les instruments aratoires. Son rôle est des plus importants : dans son sein naissent et se développent les plantes, il leur sert de support, et il est le réservoir des sucs qui doivent les nourrir. Selon sa nouriture, sa richesse et sa profondeur, les récoltes y sont chétives ou vigoureuses.

La composition du sol est très complexe et très-variable ; voici toutefois les principales matières que l'on y rencontre le plus généralement.

Le sable ou silice. — Soit à l'état pulvérulent soit en grains plus ou moins grossiers, sa proportion varie de 10 à 90 0/0 du volume du sol. Cette substance rend les sols légers et peu consistants ; elle sert également à la nourriture des plantes, dont quelques-unes sont très-avides, telles que le seigle et le maïs. Les nœuds, les parties dures et luisantes de la paille des céréales, des roseaux, sont formés de silice à peu près pure.

L'argile. — Elle se trouve en quantité très-variable dans les sols, de 5 à 90 0/0, elle leur donne de la consistance, les rend compactes et tenaces, n'entre nullement dans l'alimentation des plantes.

Le carbonate de chaux, pierre à chaux ou cal-

caire. — Cet élément ne se trouve malheureusement pas dans tous les sols ; on y reconnaît sa présence à l'effervescence ou bouillonnement qui se produit lorsqu'on l'arrose d'un acide. L'acide le plus convenable est l'acide chlorydrique ou esprit de sel ; mais on peut aussi se servir d'eau forte ou acide nitrique, d'huile de vitriol ou acide sulfurique, ou encore de fort vinaigre. La présence du carbonate de chaux améliore d'une manière remarquable le sol, diminue la consistance des sols argileux, en donne aux sols siliceux trop légers, facilite la décomposition des engrais et leur assimilation par les récoltes ; en outre, il entre dans la composition de toutes les plantes et en très-forte proportion dans celle de quelques-unes d'elles, comme les légumineuses, trèfle, luzerne, sainfoin, etc.

Tels sont les éléments qui forment la base des sols ; on y trouve encore :

Le fer, à l'état d'oxyde ou de rouille ; il n'est guère de terrain qui n'en contienne ; c'est à lui que les sols rouges ou jaunes doivent leur coloration. On ne le trouve qu'à l'état de traces dans les plantes.

Le manganèse, substance qui présente la plus grande analogie avec le fer et l'accompagne le plus souvent ; il entre en faible quantité dans l'alimentation des plantes ; cependant c'est à sa présence que le raisin rouge doit sa coloration, ainsi que le vin de même couleur. C'est également à lui que les fleurs doivent les nuances les plus vives.

Le plâtre. — Il se rencontre particulièrement dans les sols calcaires ; c'est une condition favorable pour la réussite des légumineuses, trèfle, sainfoin, luzerne.

Le phosphate de chaux, qui n'est autre que la matière formant les os, fait partie de tous les sols cultivés. Il est un élément indispensable à l'alimentation de toutes les plantes à grains. Les grains de blé et d'avoine en contiennent une notable quantité. On le rencontre surtout dans les terrains calcaires ; pour cette raison, les engrais à base de phosphate de chaux, comme le noir animal, sont sans effet dans ces terrains.

La potasse. — Cette substance se trouve dans le sol, soit à l'état de carbonate, et c'est alors la potasse du commerce, soit à l'état de nitrate, azotate ou salpêtre. Elle n'est qu'en faible quantité dans les terres arables ; mais, à quelque faible dose qu'elle y soit, néanmoins, elle joue un rôle important dans l'alimentation des plantes, dont quelques-unes même sont très-avides ; telles sont les fèves, le maïs, les betteraves, les pommes de terre. Au carbonate de potasse les cendres doivent de produire les effets que l'on a remarqués sur ces récoltes.

La soude, substance qui présente la plus grande analogie avec la potasse, se rencontre dans la nature à l'état de chlorure de sodium ou sel marin, ou sel de cuisine. A cet état, lorsqu'elle se trouve en grande quantité dans les sols, comme ceux qui sont voisins de la mer, elle les rend complètement stériles. N'est-ce pas dire que, si on venait à répandre une quantité notable de sel dans un champ, il deviendrait tout-à-fait infertile. La soude se trouve aussi à l'état de carbonate et c'est principalement à cet état qu'elle est absorbée par les plantes.

Le soufre, ordinairement uni, soit à la chaux, soit au fer, sert à la nutrition de certaines plan·tes, telles que les choux, le colza, le rutabaga et autres de la famille des crucifères. Ces plantes doivent à la présence du soufre, lorsqu'elles se décomposent, de répandre une si mauvaise odeur.

La magnésie. — Nous ne faisons que mentionner cette substance, dont les propriétés sont les mêmes que celles de la chaux qu'elle accompagne presque toujours.

L'humus ou terreau, matière spongieuse, de couleur brune ou noirâtre, qui provient de la décomposition des plantes, du fumier et autres engrais. Elle colore en noir les sols où elle se trouve en grande quantité. On distingue deux espèces de terreau : Le *terreau acide* et le *terreau doux ou riche*.

Le *terreau acide* est le produit de la décomposition des plantes aquatiques, des bruyères, genêts, etc. La tourbe est le type du terreau acide. Il se rencontre dans les sols humides non calcaires, dans les sols de lande, où il donne lieu à une végétation de mauvaise nature, composée de joncs, de roseaux, de bruyères, etc. Ses mauvaises propriétés se neutralisent par la chaux et autres amendements calcaires.

Le *terreau doux* se rencontre dans les sols calcaires et dans tous ceux qui sont depuis longtemps cultivés et largement fumés. Le type de ce terreau, c'est le terreau du jardin. Il modifie de la manière la plus heureuse les propriétés physiques des sols, rend plus légers ceux qui sont trop compactes, et plus compactes ceux qui sont trop légers. Il est toujours l'élément et la source d'une riche végétation.

2me LEÇON.

Propriétés physiques des sols.

On entend par propriétés physiques d'un sol celles qu'on reconnaît, avec un peu d'habitude, à la seule inspection, ou du moins sans recourir aux procédés chimiques. Ce sont *l'inclinaison*, la *profondeur*, *l'état de division*, la *consistance*, *l'humidité*, *l'aptitude à s'échauffer*.

Inclinaison. Le sol est plan ou en pente. Un sol trop plan est toujours humide. Une pente légère est au contraire préférable, parce qu'elle favorise l'écoulement des eaux en excès. Lorsque la pente est trop forte, la culture est difficile, le sol est exposé au ravinement, et les seules plantes cultivables sont la vigne et les arbustes.

Profondeur. — La profondeur la plus convenable pour un sol arable est de 30 à 40 centim. Elle dépend, le plus souvent, de la puissance des instruments employés ; quelquefois, cependant, elle est subordonnée à la nature du sous-sol, par exemple, lorsque celui-ci est trop dur pour être entamé. La profondeur du sol est toujours une condition des plus favorables pour la réussite des récoltes. Les plantes, en effet, ont alors à leur disposition, pour y puiser leur nourriture et y plonger leurs racines, un plus grand volume de terre ; elles craignent moins la sécheresse, et l'humidité : la sécheresse, parce que le sol ameubli absorbe une plus grande quantité d'eau et la retient plus longtemps ; l'humidité, parce que l'eau ne séjourne pas à la surface, mais s'infiltre. En outre, dans les terres où elles poussent de longues racines, les plantes ont moins à souffrir du froid.

Etat de division. — Le sol se présente à tous les états de division : depuis la poussière la plus fine, jusqu'à la masse rocheuse ; et, selon les différents degrés de ténuité de ses particules, il prend des noms différents : il est dit *rocheux*, lorsqu'il consiste en un rocher n'offrant à la végétation que des fissures et des dépressions à peine couvertes de terre ; *tuffeux*, si la roche est friable ; *pierreux*, lorsque les pierres s'y trouvent en une certaine abondance, et *caillouteux*, lorsque les pierres en sont dures et siliceuses. Lorsque la grosseur des pierres descend à la dimension de graviers, le sol est alors dit *graveleux* ; enfin le sol prend le nom de *siliceux*, *sableux* ou *sablonneux*, lorsqu'il est formé de parties très-ténues et de nature siliceuse.

Consistance. — Une terre est dite consistante, forte, tenace, lorsqu'elle se laisse difficilement ameublir, qu'elle soit prise sèche ou humide : sèche, elle est dure, résiste aux instruments ; humide, elle devient collante, s'attache aux instruments et entrave leur marche. Dans les terres de cette nature, les plantes ont à souffrir, tantôt de la sécheresse, à cause des fentes qui se produisent par la chaleur et qui occasionnent le déchirement des racines ; tantôt l'humidité, parce que l'eau séjourne à la surface et s'infiltre lentement. Ce sont généralement les terres argileuses qui réunissent ces divers inconvénients. L'excès contraire n'est pas moins nuisible. Le sol est alors dit *léger*. Les façons culturales y sont faciles, il est vrai, mais les plantes souffrent de la sécheresse : tel est le cas des terrains sablonneux. Inutile de dire que c'est l'état intermédiaire entre la consistance et la légèreté qui est le plus convenable. Dans ces conditions, l'ameublissement est facile, sans que la sécheresse et l'excès d'humidité soient à craindre.

Couleur. — La couleur des sols est très variable. On en voit de blancs, de noirâtres, de bruns, de rougeâtres, de jaunâtres, etc. Les sols riches en terreau sont bruns, et les sols tourbeux sont noirâtres. Enfin les sols colorés en jaune ou rouge contiennent du fer à l'état de rouille ou d'oxyde. La couleur du sol influe sur son échauffement et sur la précocité des récoltes.

Humidité. — l'humidité du sol varie dans de grandés limites.

Si cette humidité est excessive, si le sol est couvert d'eau une partie de l'année, il prend le nom de *marécageux.* Un tel sol se reconnaît facilement à l'aspect des eaux qui séjournent, de son sol noirâtre, souvent tourbeux, et de certaines plantes, telles que les roseaux, les joncs, etc. Dans ces conditions, la seule culture possible est celle des prairies, encore y sont-elles de mauvaise nature. Un sol marécageux s'améliore par des travaux d'assainissement et de drainage.

Le sol *humide* ou *froid* est celui qui souffre d'une humidité surabondante. Dans un pareil sol, les façons culturales sont difficiles et quelquefois impossibles une partie de l'année; la végétation est toujours plus tardive, et il arrive même souvent que par des hivers ou des printemps pluvieux, les plantes jaunissent et meurent. Cet excès d'humidité du sol est toujours dû à l'imperméabilité du sous-sol sur lequel il repose. Le moyen à employer pour faire disparaître ces inconvénients, c'est le drainage et les défoncements. Le sol *sain* est celui dont l'état d'humidité est convenable. Un tel sol s'égoutte facilement, tout en conservant habituellement une fraîcheur suffisante. Enfin, on entend par sol *sec*, celui qui se dessèche trop facilement, où les plantes souffrent de la sécheresse. On peut très-souvent corriger ce défaut par des défoncements ou des labours profonds.

Aptitude à s'échauffer. — Tout le monde sait que les récoltes ne sont pas également précoces dans tous les terrains. Ce fait tient à ce que tous les sols ne s'échauffent pas avec la même facilité. L'échauffement du sol dépend d'un grand nombre de circonstances dont les principales sont: la couleur, l'humidité, l'inclinaison et l'exposition.

Nous allons examiner, en quelques mots, le degré d'influence de chacune de ces circonstances.

Le sol s'échauffe d'autant plus facilement que sa couleur est plus foncée. Qui n'a remarqué, en effet, que toutes les récoltes, mais notamment les vendanges, sont plus précoces dans les ter-

rains colorés que dans ceux qui sont blancs?
Dans ces derniers, les rayons solaires, au lieu
d'être absorbés, comme lorsqu'il s'agit des sols
colorés, sont reflétés et vont se perdre dans l'atmosphère, ou frapper et brûler les plantes. Ce
dernier fait s'observe surtout dans les pays vignobles. Il n'est pas de vigneron qui ne sache
que le raisin est plus exposé à la brûlure dans
les terrains blancs que dans ceux qui sont colorés.

Dans les sols humides, l'échauffement est plus
lent et la végétation plus tardive que dans les
sols secs. Ce fait est parfaitement connu de tous
les cultivateurs.

Pour ce qui est de l'inclinaison et de l'exposition, le sol s'échauffe d'autant mieux qu'il est
moins incliné et que son exposition se rapproche
plus de celle du midi.

3me LEÇON.

Classification des sols.

Classer les sols, c'est les répartir en classes et
espèces, en se basant soit sur leur composition
chimique, soit sur leurs propriétés physiques,
soit enfin sur les cultures qui leur conviennent
le mieux. La base de classification la plus ration-
nelle est la composition chimique, parce qu'elle
est moins susceptible de changer que les propriétés physiques et les cultures, parce que les
propriétés les plus importantes d'un sol sont su-

bordonnées à la nature de ses éléments et à la proportion de chacun d'eux. Le but de la classification des sols est de faciliter leur étude.

Considérés au point de vue de leur composition chimique, les sols forment deux grandes divisions : l'une qui comprend les sols à base *minérale*, et l'autre les sols à base *organique* ou de terreau. On entend par sols à base minérale, ceux qui sont composés d'un des trois éléments : *argile, sable, calcaire,* ou des trois réunis. La classification ne s'arrête pas là. Les sols à base minérale contiennent ou ne contiennent pas de calcaire. De là, deux classes de sols : l'une qui comprend les sols calcaires, et l'autre les sols non calcaires. Dans les sols à base organique, le terreau est doux ou acide ; de là, également, deux classes de sol : les sols à *terreau doux* et les sols à *terreau acide.* Enfin, ces différentes classes de sols se subdivisent en espèces caractérisées par la proportion de sable, d'argile et de calcaire qu'elles renferment. Mais avant de les indiquer, quelques explications sur la nomenclature ou la manière de dénommer les sols sont nécessaires.

Il faut distinguer le cas où le sol est composé d'un seul élément, et celui où il l'est de plusieurs. Lorsque le sol est formé d'un seul élément, rien de plus simple. Cet élément donne son nom au sol : ainsi un sol formé exclusivement d'argile prendra le nom d'*argileux.* Il en serait de même d'un sol composé exclusivement de sable ou de calcaire ; il prendrait alors le nom de sol *siliceux* ou de sol *calcaire.* Lorsque plusieurs éléments entrent dans la composition du sol, le nom de l'élément qui domine se place le premier, et celui des autres à la suite, dans l'ordre de leur abondance. Ainsi, un sol formé de sable et d'argile, mais dans lequel le sable domine, prendra le nom de sol *siliceux-argileux*, ou plutôt celui de *silico-argileux*, car le plus souvent on change la terminaison *eux* en *o*; cette observation s'applique non-seulement au mot *siliceux*, mais aussi au mot *argileux*, et l'on dit un sol *argilo-siliceux*, au lieu de dire un sol *argileux-siliceux*.

Je reviens maintenant à la subdivision des différentes classes de sols en espèces. *Les sols non calcaires* se subdivisent en : *sols argileux, sols argilo-siliceux, sols siliceux* et *sols silico-argileux*. Les *sols calcaires* forment six espèces différentes de sols, qui sont : les sols *calcaires proprement dits*, les sols *calcaires-argileux*, les sols *calcaires-siliceux*, les sols *argilo-calcaires*, les sols *silico-calcaires*, enfin les sols formés à peu près de parties égales des trois éléments : *argile*, *sable* et *calcaire*.

Les sols à base organique, ai-je dit, forment deux classes : la première, celle des sols à *terreau doux*, ne se divise pas ; la seconde, celle des sols à *terreau acide*, se divise en deux espèces, qui sont les sols *tourbeux* et les sols de *lande*. Le tableau suivant résume toute la classification qui vient d'être développée.

1re Division.

SOLS A BASE MINÉRALE.

1re *classe*.— Sols non calcaires.

1re espèce. — Sols argileux,

2ᵉ espèce. — Sols argilo-siliceux.
3ᵉ   «   — Sols siliceux.
4ᵉ   «   — Sols silico-argileux,

2ᵉ *classe*. — Sols calcaires.

1ʳᵉ espèce. — Sols calcaires proprement dits
2ᵉ   «   — Sols calcaires-argileux.
3ᵉ   «   — Sols calcaires-siliceux.
4ᵉ   «   — Sols argilo-calcaires.
5ᵉ   «   — Sols silico-calcaires.
6ᵉ   «   — Sols formés, à peu près par
            parties égales, des trois
            éléments, argile, sable et
            calcaire, dits terre fran-
            che.

2ᵉ Division.

SOLS A BASE ORGANIQUE OU DE TERREAU.

1ʳᵉ *classe*. — Sols de terreau doux.
2ᵉ *classe*. — Sols de terreau acide.

1ʳᵉ espèce. — Sols tourbeux.
2ᵉ   «   — Sols de lande.

4ᵐᵉ LEÇON.

Etude des différents sols.

*Sols ne renfermant pas l'élément calcaire ou
sols non calcaires*. — Les sols *non calcaires* se
reconnaissent tout d'abord à ce qu'ils ne font pas

effervescence par les acides ; les sols de cette nature ont de graves inconvénients : la décomposition des engrais y est lente et incomplète ; par suite, une grande partie de leurs éléments fertilisants restent enfouis dans le sol sans être assimilés par les plantes. Certaines plantes, telles que le trèfle, la luzerne, qui font la richesse des sols calcaires, n'y viennent pas ou y viennent mal. Le froment y réussit rarement sans amendements calcaires, et lorsqu'il y réussit, les récoltes sont médiocres, tant sous le rapport du rendement que sous le rapport de la qualité des produits. À de tels sols il faut appliquer les amendements calcaires, car sans eux la culture y reste toujours pauvre et arriérée.

Sols argileux. — Les sols argileux, proprement dits, sont formés à peu près exclusivement d'argile. La proportion de cette substance varie de 85 à 95 %, le reste est du sable très-fin. Les sols argileux sont également connus sous les noms de terre à *potier*, terre à *brique*, ce sont les plus ingrats de tous les sols : froids, inertes, imperméables, inabordables à l'état humide ; trop durs lorsqu'ils sont secs, ils ne sont cultivables qu'à l'aide d'assainissements, de chaulages, de marnages. Les sols de cette nature sont rares et de peu d'étendue.

Sols argilo-siliceux. — Ces sols sont composés de sable et d'argile, mais cette dernière y domine et s'y trouve au moins à raison de 55 %. Comme les sols argileux, les sols argilo-siliceux se durcissent et se crevassent par la sécheresse, sont difficiles à égoutter pour peu qu'ils n'aient pas une forte pente ; mais ces défauts y sont à un moindre degré à mesure que la proportion de sable augmente. Le drainage, les amendements calcaires, conviennent aux sols argilo-siliceux et les transforment en d'excellentes terres.

Sols siliceux. — Le sable entre dans la composition de ces sols à raison de 4/5 ou 80 %; ils sont légers, sans consistance et forment, quand on les presse à l'état humide, dans la main, une pelote sans adhérence. D'ailleurs les propriétés des sols siliceux varient avec la nature du sous-sol sur lequel ils reposent. A ce point de vue, on distingue : les sols *siliceux* qui reposent sur un *sous-sol de même nature* qu'eux, très-perméable sans être frais ; les sols siliceux dont le sous-sol est *imperméable* ; enfin, ceux dont le sous-sol est *perméable*, mais suffisamment humide.

Lorsque les sols siliceux reposent sur un *sous-sol perméable*, ils sont tellement exposés à la sécheresse qu'ils sont complètement impropres aux récoltes annuelles. Les récoltes d'automne germent, poussent, tant que le temps est humide, mais périssent aux premières chaleurs. Pour les récoltes de printemps, souvent elles périssent aussitôt leur sortie de terre. Ces sols ne peuvent être utilisés que par la culture des arbres résineux. Les sols siliceux peu profonds et à *sous sol imperméable* ne sont pas moins ingrats. Pendant l'hiver, ce sont des sols où les plantes sont noyées ; pendant l'été, ils sont brûlants. Le défoncement, le drainage et les amendements calcaires, sont les moyens améliorateurs de ces sols.

Enfin les *sols siliceux*, dont le sous-sol est *perméable*, mais suffisamment humide, sont excellents s'ils contiennent une quantité convenable d'humus. Ils sont d'une culture facile, sans être exposés aux inconvénients que je reprochais aux précédents. Dans ces sols se font les plus riches cultures, telles que celles de chanvre, de lin et de légumes ; un exemple de sols siliceux de cette espèce, sont ceux qui bordent la Loire.

Sols silico-argileux. — Les sols silico-argileux, comme l'indique leur nom, sont formés d'argile et de sable, avec prédominence de ce dernier. Ces sols, intermédiaires par leur composition entre le terrain argileux et le terrain siliceux, jouissent de propriétés qui les rapprochent plus ou moins de l'un ou de l'autre de ces terrains, selon que la proportion de sable ou d'argile est plus ou moins forte ; secs et légers lorsque le sable abonde, ils prennent de la consistance et deviennent meilleurs à mesure que la proportion d'argile augmente. Les sols silico-argileux sont souvent humides, par suite de l'imperméabilité du sous-sol. Dans ce cas, le drainage est naturellement indiqué pour obvier à cet inconvénient. Les amendements calcaires, la chaux, la marne, sont applicables à tous les terrains silico argileux.

5e LEÇON.

Sols renfermant l'élément calcaire ou sols calcaires.

Les sols calcaires sont ceux où se trouve la pierre à chaux ; ils font une effervescence plus ou moins vive par les acides. C'est le caractère qui permet de les reconnaître tout d'abord. On les reconnaît aussi à la végétation des trèfles et autres plantes de la même espèce, à l'état sauvage, et à ce que le plâtre y agit. Le carbonate de chaux, qui entre dans la composition des sols dont nous nous occupons, favorise la décomposition des engrais et leur assimilation par les plantes. Il permet aussi la culture des légumineuses : trèfle, luzerne, sainfoin, plantes dont il est un des aliments indispensables. Dans les sols calcaires, les cultures possibles ne sont pas seulement plus nombreuses que dans les sols privés de carbonate de chaux ; mais, à égalité de fumure, les produits sont plus abondants et de meilleure qualité.

Sols calcaires proprement dits. — Ils sont formés de carbonate de chaux dans la proportion de 60 à 70 % ; selon que cette substance est à l'état pulvérulent ou à l'état plus ou moins grenu, les propriétés des sols calcaires ne sont plus les mêmes. A l'état pulvérulent, le calcaire forme les terres connues sous le nom de *craies*. Les terres de cette nature sont légères, sans consistance et d'un ameublissement facile. Par les pluies, les craies s'imbibent facilement, et forment une bouillie claire ; elles ne se dessèchent pas moins rapidement et tombent en poussière, facilement enlevées par le vent. Par la gelée, les terres crayeuses se soulèvent et exposent les plantes au déchaussement. Dans cet état, les récoltes sont souvent détruites. Les terres de cette nature décomposent rapidement les engrais, les dévorent pour ainsi dire. On distingue, selon leur état de fraîcheur, des craies *sèches* et des craies *fraîches*. Les premières se trouvent dans les parties basses; elles sont meilleures, sans être d'une culture très-fructueuse.

A l'état plus grossier, le calcaire forme des terres légères, peu consistantes, et dont les défauts sont à peu près les mêmes que ceux des craies, mais à un degré moins sensible. La couleur des sols calcaires est blanchâtre: pour cette cause, ils s'échauffent difficilement, reflètent les rayons solaires, dont la reverbération brûle la végétation qui est à la surface.

Sols calcaires-argileux. — Ces sols contiennent de 10 à 40 °/₀ d'argile, et au moins de 45 à 50 °/₀ de carbonate de chaux. Le reste est du sable. Les terres calcaires-argileuses ont à peu près les mêmes défauts que les précédentes, lorsque le carbonate de chaux domine; mais ils diminuent à mesure que la proportion d'argile augmente; et lorsque la proportion de celle-ci est assez forte pour que les défauts reprochés aux sols crayeux ne soient plus à craindre, les sols calcaires-argileux constituent d'excellentes terres à froment, à trèfle, à luzerne, à sainfoin. Inutile de dire que les façons culturales sont d'autant plus faciles que la proportion de carbonate de chaux est plus forte. En général, ces façons ne présentent pas de difficultés sérieuses. On rencontre, comme plantes sauvages caractérisant ces sols, les chardons, les ronces, etc.

Sols argilo-calcaires. — On donne ce nom aux sols qui contiennent au moins de 40 ou 50 °/₀ d'argile, avec mélange de sable siliceux et de carbonate de chaux. La transition entre ces sols et les précédents se fait souvent d'une manière insensible; aussi, n'est-il pas toujours facile d'établir la distinction entre les sols calcaires-argileux et les sols argilo-calcaires, sans recourir à l'analyse; mais, dans les conditions où ces deux sortes de sol ne diffèrent entre eux que par quelques centièmes d'argile ou de calcaire, la confusion est sans inconvénient, parce qu'alors, à ces deux espèces de sol, conviennent les mêmes cultures. Cependant, les sols argilo-calcaires sont toujours plus tenaces que les sols calcaires argileux; la culture y est moins facile et quelquefois difficile. Dans ce dernier cas, les labours d'hiver et les fumures de fumier frais et pailleux sont les moyens à employer pour rendre l'ameublissement facile.

Les sols argilo-calcaires constituent d'excellentes terres à froment, à fèves, etc. ; ils conviennent également à la culture des fourrages légumineux, trèfle, luzerne, sainfoin; mais la réussite de ces plantes, et spécialement celle de la luzerne et du sainfoin, est d'autant moins assurée que la proportion d'argile augmente. On rencontre dans les sols argilo-calcaires, à l'état sauvage, le chiendent, la vipérine, l'arrête-bœuf, plantes d'une destruction difficile dans de pareils sols.

Sols calcaires-siliceux. — Les éléments constituants de ces sols sont, dans l'ordre de leur abondance : le calcaire, le sable siliceux et l'argile pour quelques centièmes. Ce sont des sols légers et d'une culture facile. Ils se rapprochent, par leurs propriétés, des terres crayeuses, ayant cependant l'avantage sur elles de mieux s'égoutter et d'offrir aux plantes un meilleur point d'appui.

Sols silico-calcaires. — Dans les sols silico-calcaires, la proportion de sable siliceux est plus considérable que dans les précédents ; aussi, par leurs propriétés, tendent-ils à se confondre avec les terres siliceuses. Cependant, ils leur sont supérieurs, parce qu'ils sont plus consistants, qu'ils conviennent mieux à la culture des légumineuses , particulièrement à celle du sainfoin.

Sols contenant à peu près par parties égales les trois éléments, argile, sable et calcaire. — Ces sols sont aussi connus sous le nom de *terre franche.* Lorsqu'ils sont profonds et qu'ils contiennent une quantité d'humus suffisante, ce sont les meilleurs des sols propres aux cultures même les plus exigeantes. Dans de tels sols, les travaux sont faciles et possibles en tout temps ; les fumiers se décomposent assez rapidement et d'une manière complète ; les principes fertilisants des engrais, au lieu de se dégager et de se perdre dans l'atmosphère , comme dans certaines terres légères, sont retenus et gardés en réserve pour l'alimentation des plantes. Pendant l'été, les terres franches sont toujours fraîches et le plantes y sont à l'abri de la sécheresse ; pend l'hiver, elles s'égouttent facilement. En mot, la terre franche est le type de la meille terre.

6me LEÇON.

Sols à base organique ou de terreau.

Sols de terreau doux ou riche. — On donne ce nom aux sols qui contiennent au moins 10 à 15 % de terreau doux : ce sont d'excellentes terres, qui conviennent surtout à la culture jardinière, à celles des plantes commerciales, comme du lin, du chanvre, du colza, etc. Les céréales, dans ces terres, par l'excès de leur végétation, sont exposées à la verse ; elles donnent beaucoup de paille et peu de grain. La couleur brunâtre ou noirâtre du sol, jointe à la végétation spontanée de la fumeterre, du séneçon, de la mercuriale et autres plantes des jardins, servent à reconnaître les sols à riche terreau. C'est au fond des vallées calcaires que l'on rencontre les sols dont il est ici question ; malheureusement toujours sur des surfaces très-limitées.

Sols à terreau acide.

Sols tourbeux. — Les sols formés de tourbe pure ne sont pas cultivés ; il sont ordinairement exploités comme tourbières. Les tourbes mélangées de matières terreuses et dont la proportion de matière organique dépasse 90 %, sont d'une culture difficile, lorsqu'elles en sont susceptibles.

Les sols tourbeux absorbent l'eau avec la plus grande facilité, et se dessèchent non moins facilement ; c'est assez dire que l'hiver les plantes sont noyées, et que l'été elles sont brûlées. On améliore les sols tourbeux en les assainissant, en y incorporant l'élément calcaire, pour le chaulage ou le marnage, enfin en les écobuant. Disons, en passant, qu'à cette seule espèce de terrain convient l'écobuage. Écobuer d'autres terrains que les terrains tourbeux, c'est les améliorer peut-être pour un an ou deux, mais c'est à coup sûr les frapper de stérilité pour 10 et 15 ans. Les sols tourbeux se reconnaissent facilement à leur couleur noirâtre, à leur nature spongieuse, et enfin à la végétation spontanée des plantes aquatiques.

Sols de lande ou de bruyère. — Ce sont ordinairement des terres argilo-siliceuses, ou silico-argileuses à sous-sol imperméable, sur lesquelles se sont décomposés des bruyères, des ajoncs ou autres plantes pareilles. Les sols de landes, par suite de leur humidité, de la nature acide de leur terreau et de l'absence de leur calcaire, ne sont pas toujours d'une culture avantageuse Le seigle, le sarrazin, l'avoine, le colza, les choux, les rutabagas et les graminées fourragères, sont, en général, les récoltes qui s'approprient le mieux aux landes nouvellement défrichées. L'application aux sols de landes, du noir, de la chaux, de la marne et du drainage, est le moyen qui les rend propres à la culture du blé et du trèfle.

7me LEÇON.

Sous-Sol.

Le sous-sol est la couche immédiatement placée au-dessous du sol. L'étude du sous-sol est tout aussi importante que celle du sol, parce que les propriétés de ce dernier sont liées, d'une manière intime, avec la nature du sous-sol sur lequel il repose. Ainsi, pour ne citer que quelques exemples : que le sous-sol soit imperméable, le sol sera humide et ne portera que des récoltes à racines courtes et traçantes ; qu'un sol non-calcaire repose sur un sous-sol de même nature, il faudra chauler ou marner; que le sous-sol soit au contraire calcaire, les amendements calcaires y seront sans utilité, comme sans effet. En outre, le sous-sol peut être d'un puissant secours pour l'amélioration artificielle du sol; qu'un sol siliceux repose sur un sous-sol argileux. par des labours profonds et par des défoncements, il sera facile de mélanger le sous-sol avec le sol, et de donner à celui-ci la consistance qui lui manque. Il en serait de même pour un sol argileux dont le sous-sol serait siliceux. Le sous-sol est imperméable ou perméable. De là deux espèces de sous-sols, les *sous-sols imperméables* et les *sous-sols perméables*.

Le sous-sol imperméable est celui qui ne laisse pas filtrer les eaux pluviales et ne permet pas aux racines de le pénétrer. Les inconvénients d'un pareil sous-sol sont graves et nombreux :

le sol est humide, impropre à la culture des plantes à racines pivotantes ; les arbres sont peu vigoureux et se couronnent, dès que les racines ont atteint le sous-sol qui fait obstacle à leur développement. Les sous-sols imperméables sont formés soit par des roches compactes et sans fissures, soit par de l'argile pure ou mélangée de cailloux. Les moyens de remédier à l'imperméabilité du sous-sol dépendent de la nature des matériaux dont il est formé. Lorsque le sous-sol est de nature rocheuse, il n'y a pas de remède à son imperméabilité, ou du moins il serait trop coûteux. Lorsque le sous-sol est de nature argileuse, et que la couche d'argile est de peu d'épaisseur, il suffit de la briser par le défoncement pour en faire disparaître l'imperméabilité et ses inconvénients. La couche d'argile est-elle épaisse, il faut recourir au drainage.

Le sous-sol est perméable lorsqu'il se laisse pénétrer par les eaux et les racines des plantes. Les sous-sols perméables sont ordinairement formés par du sable, des graviers, des pierres, et même des roches, mais offrant de nombreuses fissures. Les sous-sols de cette nature sont bien préférables aux précédents, à la condition toutefois que la perméabilité ne soit pas poussée trop loin, car une perméabilité trop grande rend les sols secs, et il est difficile d'y remédier. Les éléments du sous-sol sont à peu près les mêmes que ceux du sol

8ᵐᵉ LEÇON.

Amendements.

On entend généralement par amendements la *chaux* et la *marne*.

Chaux. — L'introduction de la chaux dans le sol porte le nom de *chaulage*. La nécessité de cette opération, dans les terres privées du principe calcaire, est démontrée d'une manière incontestable par la pratique, et s'exprime facilement par ce fait révélé par l'analyse chimique, à savoir que toutes les plantes contiennent de la chaux, et quelques-unes en quantité considérable, tels sont le trèfle, la luzerne.

La chaux est d'autant meilleure qu'elle est plus blanche. Elle est également meilleure cuite au bois qu'à la houille.

La chaux convient à tous les terrains non calcaires qui ne sont pas des sables grossiers et secs. La végétation spontanée dans les terrains à chauler se compose de fougères, de genêts, de bruyères, de petite oseille, d'ajoncs, etc. D'ailleurs, le meilleur moyen de s'assurer si un champ doit être chaulé, dans une contrée où cette pratique n'est pas connue, est d'en faire l'essai sur une petite surface. Sur des terrains très humides, la chaux donne des résultats moins satisfaisants que sur des terrains qui s'égouttent bien. Aussi, dans de pareils sols, est-il nécessaire de faire procéder le chaulage de l'assainissement.

2*

Les procédés de chaulage sont en grand nombre et varient avec les localités. Nous indiquerons les principaux et les meilleurs.

1° Un des plus simples consiste à déposer sur le champ la chaux en petits tas, et à la laisser se déliter. Une fois réduite en poussière, elle est répandue et recouverte par un léger labour, un fort hersage, ou encore par un coup de scarificateur. Il est essentiel que la chaux soit enfouie légèrement, pour éviter qu'en vertu de la tendance des eaux pluviales à l'entraîner dans le sol, elle ne se trouve bientôt hors de la portée des racines des plantes. Cette observation est générale pour tous les procédés de chaulage. Le procédé de chaulage dont il est ici question n'est applicable que par un temps sec. S'il vient à pleuvoir, la chaux forme pâte, l'épandage est difficile et le mélange de la chaux avec le sol est fait mal. C'est donc un procédé à rejeter. Son seul avantage est d'exiger peu de main-d'œuvre.

2° Un des meilleurs procédés de chaulage, et des plus usités, est le suivant : on dépose la chaux en petits tas, qu'on a soin de recouvrir aussitôt d'une couche de terre de 0 m. 15 c. à 0 m. 20 c. d'épaisseur; puis on l'abandonne à elle-même. Sous l'influence de l'humidité de la terre qui lui sert de couverture, la chaux fuse, augmente de volume et produit des crevasses qu'il faut avoir soin de fermer à mesure qu'elles se forment. Après le délitement complet, la chaux est mélangée avec la terre qui l'enveloppe; on reforme le tas et, huit jours après environ, on renouvelle le brassage ; on épand et on recouvre.

Quelquefois, au lieu de déposer la chaux en petits tas, on en fait à l'extrémité du champ des monceaux allongés que l'on recouvre de terre. Ces monceaux, à cause de leur forme, portent le nom de *tombes*. Lorsque la chaux est éteinte, ces tombes sont brassées plusieurs fois pour rendre plus intime le mélange de la terre et de la chaux. On épand après et on enfouit.

3° On suit encore, pour déliter la chaux, une méthode qui consiste à la disposer par lits alternatifs, avec des gazons, des curures de fossés, d'étangs, des vases de rivière, de la tourbe et autres matières semblables. Ces matières doivent être, avant leur mélange, bien égouttées, et avoir subi un commencement de décomposition. Au bout de quinze à vingt jours, on coupe le tout. Mis de nouveau en monceaux, on attend, pour l'employer, que la décomposition soit complète. Ce procédé a l'avantage d'apporter dans le champ des éléments de fertilité ; mais, en revanche, il demande beaucoup de main-d'œuvre. Il est surtout employé pour les prairies.

4° Enfin, il est un procédé, suivi dans quelques localités, mais qui n'est à citer que pour le proscrire. Il consiste à mélanger la chaux au fumier. Au contact de la chaux, les éléments les plus actifs des fumiers, les excréments des animaux, sont décomposés et transformés en principes volatils qui, se dégageant dans l'atmosphère, sont perdus pour le sol. La pratique a prouvé qu'il en était ainsi. Dans certaines contrées où ce procédé était le plus en vigueur, chaque jour il est de plus en plus abandonné, et lorsque l'on veut employer simultanément le fumier et la chaux, celle-ci mélangée de terre, est d'abord épandue, puis le fumier, et le tout est recouvert. Avec cette manière de faire, il est reconnu que les effets du fumier sont plus durables.

Quel que soit le mode de chaulage employé, on doit choisir pour l'épandage un temps sec. Par un temps de pluie, la chaux se pelotonne et se dissémine inégalement.

L'époque des chaulages paraît assez indifférente, pourvu que le temps soit beau et sec ; cependant, il est à préférer celle ou les charrois sont faciles. A moins que la chaux ne soit employée à l'état de compost, elle doit toujours être épandue et enfouie quelque temps avant les semailles, si on veut qu'elle ait des effets marqués sur la récolte qui suit.

La dose de chaux par hectare ne peut être fixée qu'approximativement. Elle varie avec la quantité de la chaux, la nature du sol, sa profondeur et sa richesse. Il faudra moins de chaux blanche que de celle qui ne le sera pas ; plus dans un sol argileux, compacte, profond, fortement fumé et surtout fortement chargé de détritus acides, que dans un sol léger, superficiel et pauvre. Ces deux extrêmes sont de 20 hectolitres à 100 hectolitres par hectare.

Dans les conditions ordinaires, on compte 4 à 5 hectolitres de chaux par hectare et par an, et les chaulages se font pour 10 ans à raison de 40 à 50 hectolitres par hectare.

Après le chaulage, le trèfle et le blé viennent là où on ne récoltait que du seigle. Sur les terres qui portaient du blé avant d'être chaulées, le rendement en est doublé, le grain est plus lourd et de meilleure qualité. En un mot, toutes les récoltes réussissent beaucoup mieux. Certaines maladies, telles que le *charbon*, la *rouille*, la *carie*, deviennent plus rares ; les plantes nuisibles des terrains silico-argileux, les genêts, les mousses, les ajoncs, l'oseille, tendent à disparaître. Ce ne sont pas les seuls effets de la chaux ; elle ameublit le sol, le rend plus perméable, moins froid pendant l'hiver, et l'été elle lui conserve sa fraîcheur. Elle décompose encore les matières organiques. et les rend assimilables par les plantes ; il en est de même pour les éléments minéraux, dont elle met en liberté les principes fertilisants, potasse, soude, etc.

Au bout d'un certain temps, les effets de la chaux diminuent, et il y a nécessité de recourir de nouveau à cet amendement. La disparition de la chaux tient à deux causes : à son absorption par les plantes et à son entraînement par les pluies, soit hors du champ, soit au sein de la terre. On reconnaît le besoin de chauler à la diminution des produits et au retour de certaines plantes nuisibles qui avaient disparu au premier chaulage. La dose de ce nouveau chaulage doit être d'environ moitié de celle du premier.

Le chaulage ne dispense pas de la fumure, au contraire, il l'exige d'autant plus abondante qu'il a été plus fort et que le sol est plus pauvre. *Chauler sans fumer, c'est marcher à sa ruine.* Le cultivateur sage doit, à mesure qu'il chaule, augmenter ses cultures fourragères, avoir un bétail plus nombreux et arriver à une plus grande masse de fumiers. Dans ces conditions, le succès est assuré. N'ayant suivi cette marche, des contrées entières sont devenues stériles par l'emploi de la chaux, qu'elles ont dû abandonner. De là est venu ce dicton populaire, qui a cours dans ces contrées : *La chaux enrichit les pères et ruine les enfants.*

9ᵐᵉ LEÇON.

Marne.

Le marnage a pour but, comme le chaulage, l'introduction de l'élément calcaire dans le sol.

La marne est du carbonate de chaux, mélangé dans diverses proportions avec de l'argile et du sable. L'aspect de la marne est très-variable ; relativement à la couleur, on en voit de grises, de blanches, de violettes, de bleues, de noirâtres. La texture n'est pas aussi toujours la même; tantôt le grain est fin, tantôt la pâte est grossière. Aussi est-il difficile de la reconnaître au premier abord.

Les caractères qui permettent de reconnaître sûrement la marne sont les deux suivants, lorsqu'ils se présentent réunis : elle se délite dans l'eau et fait effervescence par les acides ; l'essai se fait de cette manière : dans un verre, on met un morceau de la matière soupçonnée de la grosseur d'une noix ; on y verse assez d'eau pour qu'il baigne au 3/4. Il ne tarde pas à tomber en bouillie, et quelques gouttes d'un acide y déterminent une forte effervescence. Du fort vinaigre peut remplacer l'acide, mais il doit être versé directement, sans addition d'eau ; on essaie le délitement sur un second échantillon et dans un vase à part. Sont bons à marner tous les sols qui ne font pas effervescence par les acides. D'ailleurs, comme pour le chaulage, il est prudent, en cas d'incertitude, d'en faire l'essai en petit. La quantité de marne à mettre par hectare varie avec la nature du sol, sa profondeur, et avec la richesse de la marne. Un sol argileux en exigera plus qu'un sol siliceux ; un sol profond plus qu'un sol superficiel. Il faudra d'autant plus de marne qu'elle sera plus pauvre en calcaire. Les marnages peuvent être de 15 mètres cubes de marne par hectare, comme ils peuvent atteindre 100 mètres cubes. Ils sont en moyenne de 30 à 50.

L'effet de la marne se fait sentir pendant 10, 20 et même 40 ans, selon que le marnage a été plus ou moins fort. D'ailleurs, on s'aperçoit, à la diminution des récoltes et à la réapparition des plantes nuisibles existant avant le marnage, qu'il est temps de marner de nouveau. La dose du second marnage doit être environ la moitié de celle du premier.

Lors de son emploi, la marne est disposée sur le champ en petit tas, puis épandue après délitement complet. C'est ordinairement avant l'hiver, au moment des premières gelées, que la marne est transportée dans les champs, pour que le délitement se fasse mieux, sous l'influence du froid. L'épandage a lieu au printemps. Cependant, pour certaines marnes qui se délitent facilement, il n'est pas nécessaire de les exposer à l'action des gelées : on peut alors **marner** en tout temps. L'épandage doit être fait avec soin et par un temps sec. L'enfouissement s'opère après avoir hersé, par un labour superficiel, comme pour la chaux.

Les effets de la marne se rapprochent beaucoup de ceux de la chaux; mais son action, moins énergique et plus lente, n'est sensible quelquefois que la troisième année. En revanche, elle est plus durable et plus marquée sur les propriétés physiques du sol.

La marne ne produit de bons effets que dans les sols sains ou convenablement assainis. Elle produit aussi de bons effets sur les prairies.

L'observation de ne pas marner, sans fumer plus fortement, s'applique à la marne tout **aussi** bien qu'à la chaux.

10ᵐᵉ LEÇON.

Engrais.

Nour arrivons à une question fondamentale en agriculture, celle des engrais. Malheureusement, au peu de soin que beaucoup de cultivateurs apportent à la préparation des engrais, au peu d'efforts qu'ils font pour les augmenter, il semblerait qu'ils n'en comprennent pas toute l'importance. Cependant, qui d'entre eux n'a pu en constater les effets et reconnaître que les récoltes sont en raison de la fumure qu'elles ont reçue, qu'il n'y a pas de bonne terre sans fumure, comme il n'y en a pas de mauvaise lorsque la fumure est suffisante ?

Par la seule augmentation des engrais, d'une culture ruineuse on peut en faire une culture fructueuse. Cette assertion est facile à prouver par des chiffres.

Je prends pour exemple deux cultures de blé, l'une qui consomme 12,000 kil. et l'autre 20,000 kil. de fumier par hectare.

Le fait serait le même pour toutes les autres cultures.

	FUMURE à 12,000 kil.	FUMURE à 20.000 kil.
Fumure, à 8 fr. les 1,000 kil..	96 f	160 f
Semence, 210 litres à 20 c. l'un	42	42
Loyer, impôt, frais généraux.	90	90
Labours, hersages et autres façons..	35	35
Moissons, rentrée.	37	47
Battage.	15	30
Totaux. . .	315	404
Différence. .	261	304

On récoltera 15 hectolitres sur la 1re fumure et 30 sur la 2me, soit donc par hectolitre. . . 17f40   10f01 comme prix de revient.

En supposant que le prix commercial de l'hectolitre de blé soit de 17 fr., la 1re culture sera en perte de 0 fr. 40 par hectotitre et de 6 fr. par hectare, tandis que la seconde sera en bénéfice de 6 fr. 99 c. par hectolitre et de 210 fr. par hectare. Ce résultat sera toujours le même, parce qu'il repose sur un fait général, c'est que certaines dépenses, celles qui sont en rapport avec l'étendue, restent les mêmes, quelque soit le rendement des récoltes. Je pense en avoir assez dit sur la nécessité et l'importance des engrais ; je passe à leur étude.

On donne le nom d'engrais à toute substance susceptible de fertiliser le sol. Les engrais les plus usuels peuvent être rangés en quatre grandes catégories : 1° Engrais végétaux ; 2° engrais animaux ; 3° engrais mixtes ou composés ; 4° engrais minéraux.

Engrais végétaux. — Se nomment ainsi ceux qui proviennent des plantes, tels sont les *engrais verts, les tourteaux*, etc.

Les engrais verts sont toutes plantes enfouies pour augmenter la fertilité du sol. Leur emploi est basé sur ce fait, que certaines plantes puisent leur nourriture non-seulement dans le sol, mais encore dans l'air. En les enfouissant, avant leur maturité, on restitue au sol et les principes qu'elles lui ont pris et ceux qu'elles ont empruntés à l'atmosphère. Aussi, choisit-on celles qui vivent le plus aux dépens de l'air ; comme font presque toutes les légumineuses.

L'emploi des engrais verts ne peut être que très-limité ; il est toujours plus avantageux de faire passer par le corps des animaux les plantes susceptibles d'être consommées que de les transformer directement en engrais. Cependant, les fumures vertes peuvent rendre des services, lorsqu'il s'agit d'améliorer des terres pauvres. Elles peuvent encore être une précieuse ressource pour le cultivateur qui, faute de capitaux, n'a pas assez de bestiaux dans ses étables pour faire consommer tout son fourrage. L'effet des engrais verts ne dépasse pas une année.

Les plantes ordinairement cultivées pour être enfouies sont: le lupin, la fève et quelques autres de la famille des légumineuses, le sarrazin, le colza, la navette.

Lupin. — Principalement le lupin blanc est cultivé pour être enfoui. L'époque la plus favorable pour les semailles est l'automne ; il se sème également au printemps, mais la récolte est moins abondante. La quantité de semence par hectare, varie de 150 à 200 litres. La graine est recouverte par un fort coup de herse ou par un labour léger. L'enfouissement se fait en mai ou juin, au moment où commence la floraison. Avant le labour qui doit enfouir le lupin, on le fauche pour en rendre l'enfouissement plus facile. A l'automne suivant, le lupin est assez décomposé pour qu'on puisse semer une céréale d'hiver; il tient lieu d'une forte fumure.

Les terres qui sont les plus favorables au lupin sont celles qui conviennent au seigle. Nous ne saurions trop, avec Jacques Bujault, conseiller l'essai de cette plante aux cultivateurs de la Gâtine.

Le sarrazin se sème en juillet, pour être enfoui en septembre ou octobre. La quantité de semence est de 100 litres par hectare.

On enfouit encore le colza, la navette, et plus rarement, à cause du prix élevé de la semence, les vesces, les fèves, les pois, et très-souvent la deuxième coupe de trèfle

Tourteaux. — On donne le nom de *tourteaux*, *pains d'huile*, aux résidus secs de la fabrication de l'huile. Ils peuvent servir et comme engrais et comme aliments des animaux. Ce dernier emploi doit être préféré dans la plupart des cas, surtout lorsque le prix des animaux et celui des fourrages est élevé. Cependant, certains tourteaux ne peuvent être utilisés que comme engrais ; ce sont ceux qui sont avariés et ceux dont la consommation expose à des accidents, quelquefois très-graves, les animaux qui les consomment, tels sont ceux de faine et de ricin. Les tourteaux en usage comme engrais sont : ceux de colza, de navette, de cameline, de lin, de sésame et d'arachide.

Les tourteaux conviénnent principalement aux terrains légers et calcaires. Leurs effets sont à peu près nuls dans les sols argileux et humides.

Ces tourteaux se trouvent dans le commerce sous forme de pains carrés. Avant leur emploi, ils doivent être pulvérisés, soit sous des meules, soit avec des marteaux, soit au moyen d'instruments spéciaux qui portent le nom de *concasseurs*.

L'épandage a lieu par un temps pluvieux, ou du moins sur une terre fraîche. Les effets ne sont marqués que dans le cas où il pleut dans les deux ou trois semaines qui suivent leur introduction dans le sol. Par une sécheresse continue, leur action est suspendue et ne se fait sentir qu'à la récolte suivante.

Le tourteau ne doit pas être semé en même temps que la graine, à laquelle nuiraient ses propriétés âcres, mais bien être épandu quelques jours avant les semailles, et enfoui par un léger hersage. On applique également le tourteau en couverture au printemps. Mêlé au fumier, il en améliore la qualité et produit d'excellents effets ; c'est la meilleure manière de s'en servir. Les récoltes auxquelles cet engrais convient sont : celles de colza, de froment, de lin, etc.

La quantité de tourteaux par hectare varie de 5 à 600, au prix de 13 à 14 fr. les 100 kilos. L'action des tourteaux ne s'étend pas au-delà d'une année.

11ᵐᵉ LEÇON.

Engrais animaux.

On désigne ainsi les engrais provenant de l'homme et des animaux, ce sont : la matière fécale, la poudrette, le guano, la colombine, les débris d'animaux, etc.

Matière fécale. — Cet engrais est le plus actif, comme aussi il est le plus négligé de tous les engrais. Dans la plupart des fermes, il est tout-à-fait perdu. Cependant, il pourrait produire la majeure partie du grain qui s'y consomme. Cette perte peut s'évaluer ainsi: un homme rend, en moyenne, par jour, 160 grammes d'excréments solides, et 1 kil 250 grammes d'urine. En supposant que la quantité susceptible d'être recueillie ne soit que des deux tiers, par suite du séjour des ouvriers hors de la ferme, il reste encore journellement 107 grammes d'excréments et 833 grammes d'urine, soit un total annuel de **345** kilog , qui fumeraient largement dix ares et produiraient facilement 170 kilog. de blé et de paille correspondante. Le prix de l'hectolitre de blé étant de 18 fr., la perte sera donc de 40 fr. par individu. A ces considérations viennent se joindre celles de propreté et de salubrité. De plus, il est si difficile et si peu coûteux de recueillir et d'utiliser ces matières. Dans la plupart des cas, il suffirait d'élever, à l'encoignure d'un bâtiment, des latrines, en construisant un mur de quelques mètres carrés. A l'intérieur se placerait un baquet muni d'anses et recouvert d'un couvercle percé d'un orifice circulaire. Le baquet plein, deux hommes l'enlèvent, le transportent et le vident facilement dans les trous qu'on aura ouverts dans le tas de fumier.

Ces matières sont sans odeur et à peu près solides, si l'on prend la précaution de jeter de temps en temps dans le baquet de la terre argileuse, sèche, mêlée de quelques grammes de sulfate de fer ou de couperose verte. La terre nécessaire pourrait être séchée dans le four après que le pain en a été retiré. Le plâtre et le poussier de charbon sont aussi employés pour le même usage. Les matières fécales conviennent à toute espèce de terrain et de récolte.

Poudrette. — Dans les grands centres de population, les vidanges sont transformées en poudrette par des procédés qu'il n'y a pas lieu de décrire ici. C'est un engrais pulvérulent, de couleur brune et peu odorant. Il convient à tous les terrains et s'épand à la volée sur le labour de semailles. Il s'enterre par le coup de herse qui couvre la semence. On s'en sert aussi en couverture au printemps, mais à une dose moins élevée. La quantité jugée nécessaire par hectare varie entre 20, 25 et 30 hectolitres. Cet engrais s'applique à toutes les cultures. La poudrette de commerce est rarement pure ; elle est presque toujours mêlée de tourbe torréfiée, de terre, etc. La fraude est difficile à découvrir sans recourir à l'analyse chimique. La poudrette se vend à l'hectolitre, du poids de 70 à 75 kilos, et vaut de 4 à 5 fr.

Déjections des animaux de basse-cour. — On comprend sous cette dénomination la fiente des pigeons ou *colombine*, la fiente des poules, ou *poulaite*, et enfin les fientes d'oies et de canards. Sous le rapport de leurs propriétés et de leur mode d'emploi, les déjections des animaux de basse-cour constituent deux espèces d'engrais. La première qui comprend la *poulaite* et la *colombine*, et la seconde la fiente d'oies et de canards.

La poulaite, comme la colombine, doit être recueillie au moins chaque mois, puis mélangée avec du plâtre ou de la terre argileuse sèche, à l'effet d'empêcher la déperdition des matières volatiles. Par un séjour prolongé dans le poulailler ou le pigeonnier, cet engrais diminue de valeur, à la suite de la fermentation qui s'y établit, et du développement des insectes qui y prennent naissance. La poulaite et la colombine, après avoir été réduites à l'état pulvérulent, sont employées au printemps, en couverture sur les récoltes languissantes, en ayant soin d'épandre par un temps pluvieux. Elles sont également d'usage au moment des semailles. Epandues sur le dernier labour, elles sont enfouies par un hersage en même temps que la semence. La dose varie alors de 16 à 20 hectolitres. Ce genre d'engrais convient surtout aux terres argileuses.

La fiente d'oies et de canards est moins estimée. On lui reproche même de brûler les plantes qui se trouvent en contact avec elle. Le mieux est de mélanger ce fumier à celui des étables.

12ᵐᵉ LEÇON.

Engrais animaux (Suite).

Guano — Cet engrais, formé des déjections et des débris d'oiseaux de mer, nous arrive de certaines îles de l'Amérique du Sud. Ces îles sont habitées, et l'ont été de tout temps par des millions d'oiseaux de mer. Leurs déjections, leurs débris et ceux des poissons dont ils font leur nourriture, ont formé, à la suite des siècles, des dépôts considérables. Ces dépôts, dont l'épaisseur atteint jusqu'à 60 mètres, sont exploités à ciel ouvert et fournissent tout le guano employé en agriculture.

On distingue un grand nombre de variétés de guano, selon la provenance. La principale comme la plus estimée, est le guano du Pérou ; souvent mélangé de grumeaux très-durs, il a une apparence terreuse ; son odeur est forte, putride et ammoniacale ; sa couleur est jaune brun. Ses effets sont vraiment remar-

quables. Semé sur une lande nue et aride, il fait
naître une végétation luxuriante. Employé au
printemps sur des récoltes languissantes et chétives, il les transforme en quelques jours. Il se
montre avec la même efficacité sur les prairies
de mauvaise qualité ; il en change la nature en
quelques semaines. Malheureusement cette action
énergique ne peut se soutenir. Par l'emploi répété du guano, le sol ne tarde pas à s'épuiser ;
aussi est-il nécessaire de l'alterner avec du fumier d'étable, pour réparer les pertes qu'une telle
végétation produit.

Avant d'employer le guano, il faut avoir soin
d'écraser les grumeaux en les battant avec une
pelle de fer. Il est ensuite épandu à la volée, pur
ou mélangé avec de la terre, pour en rendre l'é-
pandage plus facile, soit au printemps, en couverture, soit au moment des semailles ; contrai-
rement à l'opinion généralement admise, la semence n'a rien à craindre de son contact immé-
diat avec le guano et peut très-bien se recouvrir
par le même coup de herse qui le mélange au
sol. On choisit un temps calme et pluvieux pour
que l'épandage soit régulier et que l'engrais soit
dissous avec facilité par l'eau de pluie. Par hectare et en couverture, il faut 200 à 300 kilos de
guano, et enfoui, de 4 à 500 kilos. Le guano convient à tous les sols et à toutes les cultures ; cependant son action est peu marquée sur les trèfles, les luzernes et les sainfoins. Son action ne
dépasse pas une année si les doses n'ont pas été
forcées, sauf sur les prairies où il dure trois ans.

Le guano du commerce est très-souvent fal-
sifié par le mélange de plâtre, de sciure de bois,

de terre de même couleur que lui. Le seul moyen de reconnaître la fraude est l'analyse chimique. Pour avoir du guano pur, on doit s'adresser aux consignataires du gouvernement du Pérou, soit à Nantes, soit à Bordeaux. Les sacs de guano sont toujours livrés ficelés et plombés. Le plomb porte d'un côté ces mots : *Gouvernement du Pérou*, et de l'autre ceux-ci : *Guano du Pérou*. Si la ficelle qui ferme les sacs et assujettit le plomb est intacte et sans nœuds, si les sacs ne sont pas recousus, la pureté du guano est certaine. Le prix des 100 kil. est de 33 à 35 fr. rendus dans les Deux-Sèvres.

L'emploi du guano, à cause de son prix élevé, ne peut être que très-limité. En outre, il ne faut pas compter sur cet engrais pour remplacer le fumier d'étable ; son usage, répété sur un même sol, finit par l'épuiser. La stérilité qui survient est facile à expliquer ; avec le guano, vous apportez 4 à 500 kil. par hectare, et par la récolte, vous en retirez 4 à 5,000 kilogrammes.

Guanos artificiels. — On rencontre, dans le commerce, des engrais connus sous le nom de *guanos artificiels*. Un des plus connus est le guano *Derrien*, dont la fabrique est à Nantes. Ce sont ordinairement des débris d'animaux auxquels on a fait subir des préparations qui varient avec chaque fabricant.

Noir animal ou de raffinerie. — Le noir animal s'obtient en calcinant les os à la manière du bois que l'on veut transformer en charbon. Une fois calcinés et pulvérisés, ils prennent le nom de noir *vierge* ou *neuf*. Mais avant d'être livré à l'agriculture, le noir animal sert à décolorer le

sucre brut dans les fabriques et dans les raffine-
ries. Cet engrais est alors un mélange de noir,
de sang employé pour clarifier, et de traces de
sucre. Le principe actif des noirs est le phosphate de chaux. Un bon noir doit en contenir
au moins 50 % ; cette proportion peut s'élever
jusqu'à 75 et 80 %. D'ailleurs, sa valeur et ses
effets sont en raison de sa richesse en phosphate.
Le noir animal est pulvérulent et de couleur
noirâtre.

Le noir ne convient pas à tous les terrains.
Dans ceux qui sont calcaires, qui ont été chaulés ou marnés, il est sans effets. Mais dans les
terrains argilo-siliceux et silico-argileux, riches
en détritus organiques, en un mot, dans les sols
de landes ou de bruyères nouvellement défrichés,
son emploi est très-avantageux. Néanmoins dans
ces conditions même, il est dangereux d'y avoir
recours trop fréquemment; il en résulterait la
stérilité. Son action ne dure qu'une année, sauf
le cas de fortes doses.

Le noir est employé avec succès dans la culture des céréales, du sarrazin ou blé-noir,
et lors de la transplantation des choux, des betteraves et du colza. Il doit, s'il présente des
grumeaux , être battu avec une pelle en fer et
réduit en poudre fine. Souvent on mélange le
noir de terre sèche, pour en faciliter l'épandage, et il est semé à la volée sur le dernier labour, puis recouvert comme la semence par un
coup de herse ou un trait de charrue. La dose
varie par hectare de 4 à 10 hectolitres.

Dans la culture des choux, du colza et des betteraves, il est employé surtout lors de la trans-

plantation, et de la manière suivante : On fait une bouillie claire de noir et de bouse, dans laquelle la racine du plant est trempée.

Le noir est sujet à de nombreuses falsifications ; il est souvent mélangé de tourbe, de schiste, de houille, de terreau, de tan, etc. Souvent aussi, il est humecté à dessein et contient une quantité considérable d'eau. La proportion moyenne d'humidité des noirs purs varie de 20 à 35 0/0. L'analyse seule peut déceler d'une manière certaine la fraude. L'hectolitre de noir, dont le poids varie entre 85, 95 et 100 kil., vaut au moins, dans les Deux-Sèvres, 18 à 20 fr. Tout noir au-dessous de ce prix peut être considéré comme n'étant pas pur de raffinerie.

On rencontre dans le commerce d'autres engrais à base d'os, entr'autres les poudres d'os, mais ils sont d'un usage moins général que le noir.

Engrais animaux divers. — Les résidus d'abattoir, d'équarrissage, de pêcheries, sont aussi employés comme engrais. Mais le plus souvent ils subissent, avant, certaines préparations qui permettent de les transporter au loin et constituent ces nombreux engrais de commerce dont la composition et le nom varient avec chaque fabricant.

Les résidus des fabriques d'étoffes de laine, les chiffons de laine, les débris de corne, les plumes, les poils et les crins sont des engrais très-riches, mais d'une décomposition lente. Les chiffons de laine, dont l'emploi est le plus fréquent, s'appliquent particulièrement à la fumure des vignes : 3 à 4,000 kilos par cinq ans

13ᵐᵉ LEÇON.

Engrais mixtes.

On donne le nom d'engrais mixtes à ceux qui sont composés de matières animales et de matières végétales. Le plus important des engrais, le fumier d'étable, appartient à cette classe d'engrais dits aussi engrais composés.

Fumier. — Tout le monde sait que le fumier d'étable est formé des excréments des animaux mêlés aux litières.

Le fumier d'étable, au point de vue de l'abondance, est, sans contredit, le plus important de tous les engrais et le meilleur au point de vue de ses qualités ; sans doute, les autres engrais, dans certaines circonstances, sont d'un grand secours en agriculture, mais en aucun cas, un cultivateur intelligent et sensé ne basera son système de culture sur d'autres engrais que le fumier d'étable. Par sa composition, il est admirablement approprié aux besoins et aux exigences des plantes, parce qu'il est formé de leurs débris, et que, par cela même, il contient tous les éléments qui servent à les former. Jamais un sol ne s'épuisera par l'usage exclusif du fumier, comme il le fait par celui de certains engrais, recevant de lui les éléments de la même nature et en même abondance que ceux que leur ont enlevés les récoltes. Ce n'est pas à ce seul point de vue que le fumier est un excellent engrais. Mais il modifie de la manière la plus heureuse les propriétés physiques des sols ; il diminue et fait même disparaître la trop grande ténacité des sols argileux, rend plus frais et moins légers les sols siliceux. En outre, il est le seul engrais qui puisse être produit économiquement dans la ferme et en assez grande abondance pour satisfaire à tous les besoins de la culture la plus intensive. Est-il un autre engrais réunissant ces conditions ? Certainement non. Cependant, rien de plus négligé que la production et la préparation du fumier. Dans combien de fermes le tas de fumier, ce trésor du cultivateur, est-il soigné comme il devrait l'être ? Dans presque toutes, il est exposé à la pluie qui le délave et entraîne ses principes les plus fertilisants. Jamais il n'est garanti, pendant l'été, des ardeurs du soleil qui le dessèchent et le brûlent. Aussi, lorsqu'on l'emploie, n'est-il composé que des parties les plus ligneuses et les moins riches de la litière. Un agronome célèbre a dit, avec raison, qu'on pouvait juger de l'intelligence d'un fermier par les soins qu'il apportait à son tas de fumier, et de son aisance par le volume de ce même tas.

Si le fumier est négligé au point de vue de sa préparation et des soins à lui donner, il ne l'est pas moins au point de vue de sa production. Dans la plupart des fermes, la quantité de fumier est insuffisante, et comme tout dépend de cette cause, les récoltes y sont chétives et le fermier y est pauvre. Que la culture des plantes fourragères s'étende, que chaque hectare de terre nourrisse une tête de gros bétail et reçoive l'engrais produit par elle, tout change, la terre devient fertile et la ferme prospère.

La qualité du fumier dépend de la manière dont il est préparé, de l'alimentation des animaux et des litières employées. Disons de suite que le fumier est d'autant meilleur que les animaux sont mieux nourris : ainsi, le meilleur est celui des animaux soumis à l'engraissement parce qu'ils consomment des grains, des farineux et les meilleurs fourrages.

Litières. — On donne le nom de *litières* à des matières végétales ou terreuses, qu'on répand dans les étables, écuries etc., et sur lesquelles les animaux se couchent. Une bonne litière est absorbante, n'adhère pas au corps des animaux, se décompose facilement et est douée de principes fertilisants. On emploie ordinairement pour litières les *pailles* des diverses plantes cultivées, la *fougère*, les *bruyères*, les *roseaux*, les *feuilles d'arbres*, la *tourbe*, les *matières terreuses*, etc.

Les *pailles* constituent, en général, les meilleures litières ; mais toutes n'ont pas la même valeur. Parmi les pailles de céréales, celle de blé occupe le premier rang ; viennent après celles de l'avoine, de l'orge, et enfin celle de seigle, à laquelle on reproche d'être dure et peu absorbante. La paille de sarrazin est peu estimée comme étant molle et peu spongieuse. Les pailles de colza et de fêves sont, de toutes les litières, les plus riches en principes fertilisants; en revanche, elles sont dures et fournissent un mauvais coucher aux animaux, si elles ne sont recouvertes d'une couche de paille de céréales.

Les *fougères* forment une bonne litière et donnent un excellent fumier lorsqu'elles ont été coupées vertes en juillet ou en août, et séchées.

Recueillies plus tard, déjà séchées sur pied, elles sont moins spongieuses et se décomposent moins facilement.

Les *roseaux* récoltés dans les mêmes conditions sont aussi d'un excellent usage.

Les *bruyères*, les *ajoncs*, les *herbes* qui se montrent ensemble dans les landes et les bois, sont d'une grande ressource dans les pays pauvres en fourrages, où l'on est obligé de nourrir les animaux de paille. Cette espèce de litière est peu absorbante et d'une décomposition lente et difficile. Cependant, coupées jeunes, vertes et desséchées avant le développement du tissu ligneux, ces plantes se prêtent alors mieux à la fermentation que plus tard, lorsqu'elles ont séché sur pied.

Les *feuilles d'arbres* ne valent ni les fougères ni les roseaux ; elles sont peu absorbantes et ne se décomposent qu'à la longue. Les moins mauvaises sont : les feuilles de peuplier, de saule, puis celles de chêne, de châtaignier, de hêtre, de noyer; les feuilles de pin et de sapin se placent en dernière ligne.

La *tourbe sèche*, les *gazons secs*, la *terre sèche*, le *sable*, la *marne* peuvent servir de litière, mais il est utile, dans un but de propreté pour les animaux, de les recouvrir de paille.

14ᵐᵉ LEÇON.

Des diverses sortes de fumier.

Le fumier varie dans sa nature et son mode

d'action, selon son degré de décomposition, et selon les animaux qui l'ont produit.

Le fumier, au sortir de l'étable et avant d'avoir fermenté, est connu sous les noms de fumier *long*, fumier *frais*, fumier *pailleux*. A cet état, ses effets sont moins immédiats, mais plus durables. Il convient particulièrement aux terres fortes; il les soulève et les rend plus meubles. Son action sur les plantes est de pousser au développement de la partie herbacée; aussi, le fumier pailleux est-il préférablement appliqué aux récoltes fourragères et aux récoltes racines. On reproche au fumier sortant de l'étable d'apporter dans le sol de mauvaises graines dont la destruction est ensuite difficile et coûteuse. Nous verrons, dans la suite, quels sont les moyens de remédier à cet inconvénient, et que c'est à l'état frais que le fumier devrait être employé dans la plupart des cas.

Lorsque le fumier a fermenté, et que sa décomposition est assez avancée, il prend le nom de fumier *gras*, de fumier *décomposé*, de *beurre noir*. L'action des fumiers décomposés est instantanée, mais de courte durée. Ils conviennent aux terres légères qui n'ont pas besoin d'être soulevées et ameublies, et s'appliquent particulièrement aux plantes à grains. On leur reproche, avec raison, d'avoir perdu, pour arriver à cet état, une grande partie de leurs éléments fertilisants.

Au point de vue des animaux qui ont produit le fumier, on distingue : le fumier de *cheval*, le fumier de *bêtes à cornes*, le fumier de *mouton* et le fumier de *porc*. Les propriétés de ces différentes espèces de fumier ne sont par les mêmes ; aussi allons-nous les étudier séparément.

Fumier de cheval. — Ce fumier est le plus actif, le plus chaud de tous. Il entre promptement en fermentation, se dessèche facilement et prend le *blanc* ou *chancissure*, altération qui lui enlève une grande partie de ses qualités ; aussi doit-on le bien tasser et l'arroser fréquemment. Ce fumier, lorsqu'on l'obtient en grande masse, est appliqué sur des terres compactes, les sols argileux, les terrains froids et humides.

Le fumier de mules, d'ânes, est ordinairement d'une qualité inférieure à celui du cheval, par la raison que la nourriture de ces animaux est moins bonne ; mais avec une même alimentation, les mules et les ânes produisent un aussi bon fumier que les chevaux.

Fumier des bêtes à cornes. — Le fumier qui provient des vaches et des bœufs est moins énergique que le précédent, mais son action est plus durable. Il convient à toutes les terres, mais particulièrement aux terres légères, perméables et sèches, auxquelles il donne de la fraîcheur ; il s'applique à toutes les récoltes.

Le fumier de toutes les bêtes à cornes n'est pas de même qualité ; le meilleur est celui des bœufs et des vaches à l'engrais, surtout lorsque ces animaux reçoivent des grains ou des farineux ; vient ensuite celui des bœufs de travail, et en dernier lieu le fumier des vaches laitières. Le fumier des bêtes adultes est toujours meilleur que celui des jeunes bêtes.

Fumier de mouton. — Le fumier des bêtes à laine est moins chaud que celui du cheval, mais il est tout aussi actif, et son action plus durable égale celle du fumier des bêtes à cornes. Le fumier de mouton est considéré comme le meilleur des fumiers d'étable. Il convient particulièrement aux terres argileuses compactes et froides.

Le fumier de *chèvre*, de *lapin* ressemble par ses qualités et ses défauts à celui des bêtes à laine.

Fumier de porcs. — On n'est pas d'accord sur la valeur de cette espèce de fumier : pour les uns, il est le plus mauvais de tous ; pour les autres, il est le meilleur. Cette différence, remarquée dans la valeur de cette espèce de fumier, tient exclusivement à la nourriture des porcs. Ceux qui reçoivent une nourriture substantielle, composée de grains, de farineux, donnent un fumier d'excellente qualité ; ceux, au contraire, qui n'ont qu'une nourriture aqueuse, de mauvaise qualité, ne produisent qu'un fumier froid et peu actif.

Mélange des fumiers. — Le mélange des fumiers est généralement une chose convenable, à moins que, sur la ferme, il ne se trouve des terres qui, par leur nature, exigent des fumiers spéciaux. Ce mélange se fait lors de la mise en tas ; il se fait encore dans les étables, en portant sous les autres animaux le fumier pailleux retiré de l'écurie.

Poids du mètre cube de fumier. — Le fumier est plus ou moins pesant, selon son état de décomposition. Voici le poids moyen du mètre cube :

	Frais.	Décomposé.
Fumier de cheval, de	350 à 400 k	500 à 600 k
—— de bêtes à cornes, de .	500 à 600	700 à 900
—— de bêtes à laine, de .	400 à 450	550 à 700

Fumier produit par une tête de bétail. — La quantité de fumier produite en un an par chaque tête de bétail varie d'après son poids, le traitement des fumiers, la quantité et la nature des aliments, enfin d'après la quantité de litière accordée à chaque animal. Voici des moyennes, mais susceptibles de grandes variations :

Cheval	10,200 kil.	par an.
Bœuf à l'engrais . . .	25,300	—
Bœuf de travail . . .	9,400	—
Vache en stabulation .	11,400	—
Bête à laine	550	—
Bête porcine.	1,100	—

15me LEÇON

Traitement des fumiers.

Disposer d'une grande masse de fumier, tel est le but vers lequel le cultivateur doit tendre de tous ses efforts. Pour l'atteindre, il ne suffit pas d'entretenir un grand nombre d'animaux, il faut encore que le tas de fumier soit entouré de soins bien entendus, car bien soigner les engrais de ferme, c'est en augmenter la quantité et la qualité. Cette vérité est avouée de tous. Cependant, disons-le encore une fois, les fermes sont rares où le fumier est soigné comme il devrait l'être. Partout, ne dirait-on pas que c'est une matière sans utilité et dont il faut se débarrasser à tout prix ? Rien n'est fait pour le garantir ni des ardeurs du soleil qui le brûlent, ni des eaux pluviales qui le délavent, ni du *blanc*, cette maladie qui le réduit à l'état de matière inerte. On comprendra tout l'intérêt qu'il y a à ce qu'un pareil état de choses cesse, si on réfléchit que le fumier ainsi traité perd au moins le quart de sa valeur.

La question du traitement des engrais de ferme a été l'objet constant des préoccupations des agronomes. Différentes méthodes ont été successivement préconisées ; deux principalement se recommandent à l'attention des agriculteurs : l'emploi du fumier à l'état frais et le dépôt sur les plates-formes.

D'après la première méthode, le fumier séjourne sous les animaux jusqu'à ce que la litière soit complétement imprégnée d'excréments. Trois semaines ou un mois suffisent généralement. Il est de là conduit au champ et épandu. S'il est destiné à des plantes sarclés ou nettoyantes, l'enfouissement peut avoir lieu immédiatement sans grand inconvénient; mais le mieux est d'attendre pour l'enfouir que les graines qu'il contient aient germé. On assure ainsi d'une manière plus certaine la destruction des mauvaises herbes.

On peut se demander si un aussi long séjour du fumier sous les animaux n'est pas susceptible d'exercer sur leur santé une influence fâcheuse. Examinons ce qu'il en est pour chacune des principales espèces d'animaux domestiques. Pour les moutons, le séjour prolongé du fumier dans les étables est un fait depuis longtemps en usage : les bergeries ne sont vidés qu'à de longs intervalles, trois ou quatre fois par an.

Les animaux de l'espèce bovine peuvent, sans

plus d'inconvénient que les bêtes ovines, rester sur leur fumier jusqu'à sa complète séparation ; il suffit que les étables soient convenablement aérées et suffisamment spacieuses. A cette dernière condition, on supplée, dans une certaine limite, en creusant de quelques pouces l'espace réservé derrière les animaux. Dans cette fosse, est accumulé le fumier produit pendant les premiers jours qui suivent le curage. Arrivé au niveau du sol de l'étable, l'engrais est réparti sur toute sa surface.

Les solipèdes (1) supportent moins bien l'accumulation du fumier sous eux; ils exigent, pour qu'elle ne leur soit pas nuisible, de n'être pas soumis à une stabulation permanente ; que les écuries soient spacieuses et que la litière ne leur fasse pas défaut. Là où cette triple condition n'est pas remplie, il est un moyen de tout concilier, c'est de porter le fumier pailleux de l'écurie à l'étable et de le mélanger à celui des bêtes à cornes. Ce mélange est sans inconvénient, il a même un avantage: la paille à peine salie par les chevaux achève de se décomposer à l'étable.

Pour les porcs, rien ne s'oppose à la préparation du fumier sous le toit qu'ils habitent. En serait-il autrement, que la faible quantité d'engrais produite par eux, dans la plupart des fermes, ne serait pas un obstacle à l'emploi du fumier frais : on en serait quitte pour le traiter à part.

(1.) On entend par ce mot les animaux des races chevaline, mulassière et asine ; cette dénomination leur vient de ce qu'ils n'ont qu'un ongle à chaque pied.

Il est des signes auxquels on reconnaît qu'au point de vue hygiénique, le fumier doit sortir de dessous les animaux : ce sont la mauvaise odeur et la trop grande chaleur. Toutes les fois que dans une étable, on sent une forte odeur ammoniacale, que la température est élevée, qu'il n'est plus possible de maintenir les animaux propres, même avec force litière, elle doit être vidée ; il faut ajouter que quelques poignées de plâtre, épandues chaque jour dans l'étable, une aération bien ménagée, sont les moyens de retarder ce moment, le premier en arrêtant le dégagement ammoniacal, le second en abaissant la température. Il n'est pas à craindre que ces causes de maladie ne soient sensibles qu'alors que la santé est déjà altérée : elles sont appréciables par l'homme, bien que les animaux n'en ressentent les mauvais effets.

L'objection que nous venons de combattre n'est pas la seule qui puisse se produire : on peut encore se demander si le fumier ne perd pas à rester épandu plusieurs semaines sur le sol avant d'être enfoui Pour qu'il y eut déperdition, il faudrait qu'il fermentât ; or, tel n'est pas le cas : il est en trop faible épaisseur pour qu'il y ait fermentation. Il est desséché, il est vrai ; mais cette dessiccation ne lui enlève que de l'eau qu'il retrouve dans le sol, si une averse ne la lui rend pas. Il est détrempé par les eaux pluviales, c'est encore vrai ; mais c'est au profit de la terre qu'il couvre. Il n'y a réellement perte que sur une terre tassée et inclinée, où les eaux pluviales entraîneraient au loin les principes dont elles sont chargées.

Je n'en ai pas fini avec les objections. On peut aussi faire valoir qu'on n'a pas en tout temps des récoltes à fumer, que le fumier frais ne convient pas à toutes les plantes, ni à toutes les natures de terre. Mais quel risque y a-t-il à enfouir le fumier quelque temps avant les semailles ? Pour les récoltes qui exigent un fumier décomposé, ne suffirait-il pas d'enterrer l'engrais plus ou moins longtemps, avant leur ensemencement ? D'ailleurs, qui empêche de faire succéder à des récoltes fourragères ou racines, auxquelles convient le fumier frais, des plantes à grains, pour lesquelles le fumier décomposé est préférable ? Pour les terres légères on enfouiera plus profondément.

16me LEÇON.

Traitement des fumiers (Suite).

Il faut le reconnaître, partout la disposition des étables et l'assolement ne se prêtent pas à l'emploi de tout le fumier à l'état frais ; mais négliger l'application de ce système de fumure là où il est praticable, même partiellement, c'est méconnaître ses intérêts. A son défaut, c'est aux plates-formes qu'il faut recourir.

Une plate-forme est un espace carré légèrement bombé, sur lequel se préparent les engrais de ferme. Autour de la plate-forme règne une rigole qui sert à l'écoulement du purin qu'elle conduit dans une fosse creusée à proximité, c'est la fosse à purin. Celle-ci, comme la place à fumier, doit être imperméable. A moins de terrains très-meubles, l'usage seul les amène à cet état. Autrement, une couche d'argile pour la plate-forme, des murs à l'intérieur de la fosse et de la terre argileuse au fond, sont les moyens d'obtenir l'imperméabilité. La place de la plate-forme est près des étables, à l'exposition du nord et autant que possible sous des arbres. Il faut aussi qu'elle ne soit pas exposée, pendant les pluies, à recevoir l'égoût des toits, ni à être envahie par les eaux courantes. Les dimensions d'une plate-forme sont en moyenne de 3 à 4 mètres carrés par tête de gros bétail, celles de la fosse à purin sont d'environ 2^m à 2^m 50 de côté sur 0^m 70 et 0^m 75 de profondeur pour un très-gros tas de fumier. Souvent au lieu d'une seule plate-forme, on en établit deux, trois et même quatre autour de la même fosse à purin, afin de pouvoir préparer séparément l'engrais destiné aux différentes récoltes.

Le fumier, à mesure du curage des étables, est porté sur la plate-forme, à la civière ou conduit à la brouette. Là, il est étendu à la fourche très-également sur toute la surface, alternant par couches peu épaisses les diverses espèces de fumier. Il est en même temps tassé fortement avec les pieds. Enfin, encore un soin à prendre, c'est que les faces du tas s'élèvent verticalement comme des murailles.

De ces détails dépend beaucoup la qualité du fumier. Ainsi, sans un tassement suffisant, il reste à l'intérieur du tas des vides dans lesquels s'engendre la moisissure. Si les faces du tas ne sont pas bien verticales, il ne présente pas partout la même épaisseur, il se dessèche plus facilement et sa décomposition est irrégulière Il en est ainsi des autres précautions indiquées.

Le tas de fumier ne doit pas dépasser une hauteur de deux mètres. Arrivé à ce niveau, il est recouvert d'une couche de terre, autant que possible argileuse, d'une épaisseur de 0^m 20 à 0^m 30. Cette simple précaution présente de grands avantages ; cette couche de terre, par son poids, tasse le fumier uniformément, le prive de l'action de l'air, l'abrite contre les ardeurs du soleil et le protège contre le lavage des pluies. Enfin, elle absorbe et condense les vapeurs ammoniacales qui, sans elle, iraient se perdre dans l'atmosphère. Si la quantité de fumier retirée des étables n'est pas assez considérable pour achever un tas, on le recouvre néanmoins de terre qui est enlevée, avant d'ajouter de nouveau fumier, pour être remise ensuite. C'est ainsi qu'on opère si l'étable n'est vidée qu'à de longs intervalles. L'est-elle chaque jour ? La couche de terre n'est nécessaire qu'à l'achèvement du tas.

Ce ne sont pas les seuls soins à donner au fumier. Il faut encore favoriser sa décomposition et le mettre à l'abri de la moisissure par des arrosements faits avec le liquide de la fosse à purin, ou à défaut de celui-ci avec de l'eau. C'est surtout par les temps secs de l'été qu'ils sont nécessaires. Indiquer, même approximativement, leur nombre et la quantité de liquides pour chacun d'eux n'est guère possible. La seule indication qu'on puisse donner, c'est qu'il faut arroser toutes les fois que le fumier commence à se dessécher, et que l'arrosage est suffisant, lorsque le liquide découle des couches inférieures du tas.

On se sert, pour l'arrosage du fumier, de la pompe, du seau et de l'écope.

Les pompes sont des instruments qui demandent de trop fréquentes réparations pour qu'il y ait lieu de les recommander ; le seau et l'écope leur sont préférables.

Un seau ordinaire convient parfaitement à l'arrosage du fumier. Au moyen d'une corde à laquelle il est attaché, on puise le purin dans la fosse et on le jette sur le tas.

Une écope est tout simplement une pelle creuse en bois, munie d'un long manche, dans le genre de celles qui servent à vider les bateaux. A l'aide de cet instrument, un ouvrier puise le purin dans la fosse et en arrose le fumier. La manœuvre de l'écope devient des plus faciles avec un peu d'habitude.

Avant d'arroser le fumier, on doit, toutes les fois qu'il est recouvert d'une couche de terre, faire des trous pour livrer passage au purin.

Le séjour du fumier sur les plates-formes ne peut pas se prolonger indéfiniment. Il est une limite qu'il ne faut pas dépasser sous peine d'un appauvrissement sensible de l'engrais. C'est lorsque la décomposition atteint les couches supérieures du tas. Elle prend alors une intensité difficile à modérer et à laquelle correspond un abondant dégagement de produits volatils. Il n'y a pas à craindre de devancer cette époque ; car bien avant, alors qu'il est encore frais, le fumier est avantageusement employé. Dès que le tas ne peut plus rester sans inconvénient sur la plate-forme, il faut le conduire dans le champ auquel il est destiné et l'enfouir, serait-ce même longtemps avant le moment auquel il doit être semé ou planté ; il n'y a nulle perte à redouter pour l'engrais, dès qu'il est confié au sol.

Le traitement des fumiers comprend aussi celui des engrais liquides. Comme engrais de ce genre, il y a, dans les fermes, le purin qui découle des plates-formes et les urines des animaux.

La meilleure manière de tirer parti du purin est de le faire servir à la confection de compost. A cet effet, auprès de la fosse qui le contient, on dispose des tas de tourbe, d'herbes, de gazons que l'on arrose de ce liquide, jusqu'à ce qu'ils soient décomposés. Je préfère ce mode d'emploi à celui qui consiste à l'appliquer en arrosage ; il n'exige pas le même matériel ni des manipulations aussi incommodes.

Les urines qui ne sont pas absorbées par les litières, quoi qu'on ait fait, sont recueillies soit dans une fosse creusée à cet effet près des étables, soit dans la fosse à purin, selon que le fumier est employé frais ou après avoir passé sur les plates-formes ; elles sont utilisées comme le purin.

Souvent, des fosses à purin il se dégage une odeur ammoniacale qui provient de la perte de principes précieux ; quelques poignées de plâtre cru, du sulfate de fer, mêlés au liquide, suffisent pour la faire disparaître.

Si, en terminant, nous mettons en parallèle les deux systèmes de fumure, tout l'avantage reste au premier. Avec lui, moins de soins et de manipulations, moins de perte également, car il ne faut pas se le dissimuler, quelque bien soigné que soit un fumier sur une plate-forme, il perd toujours quelque chose de sa valeur. Cependant, il s'écarte tellement des habitudes reçues, que la défiance qu'il inspire se comprend ; mais que des essais soient faits, que l'expérience soit prise pour juge, et il n'y a pas de doute que sa supériorité ne soit reconnue.

Dépôts temporaires. — Certains cultivateurs ont

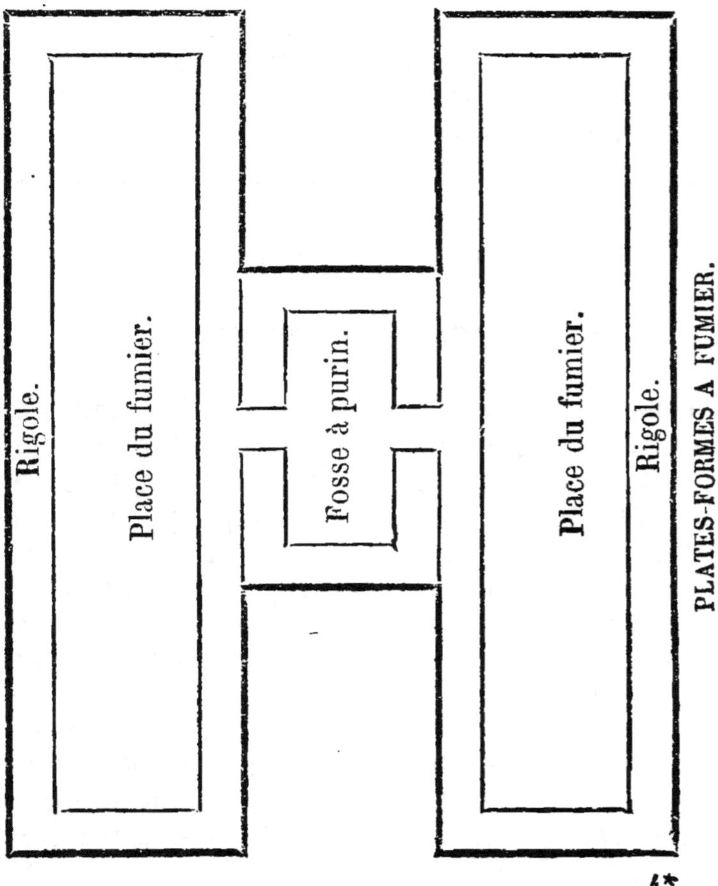

4*

l'habitude de transporter leurs fumiers aux
champs et de les y mettre en tas ; ils évitent
ainsi des transports au moment des semailles.
Le tas de fumier est ainsi loin de toute sur-
veillance et ne peut recevoir tous les soins qu'il
réclame ; les arrosages, si nécessaires pendant
l'été, ne sont pas possibles ; en outre, il est
assez difficile d'éviter la verse des récoltes à
l'endroit où a séjourné le tas de fumier. C'est là
le défaut de cette manière de faire. Cependant,
j'aime encore mieux voir le fumier dans les
champs, recouvert de terre, que dans les cours
de ferme, exposé sans abri au lavage des pluies
et à l'ardeur du soleil.

17ᵐᵉ LEÇON.

Emploi des fumiers.

*Transport et distribution des fumiers dans les
champs.* — L'époque à laquelle le fumier peut
être transporté dans les champs est indifférente
Cette opération se fait en tout temps, pourvu que
les champs ne soient pas trop humides pour être
facilement abordés. Le fumier, conduit et épandu par les gelées, par la neige même, ne perd
rien dans ses effets. Lors des transports, on doit
pourvoir à ce que ouvriers et attelages fassent le
plus de travail possible. C'est là une question
d'organisation de travail dont je ne m'occuperai
pas ici. J'observerai seulement que le nombre
d'ouvriers, d'attelages et de véhicules varie avec
la distance de la ferme au champ

Le fumier, à son arrrivée au champ, est disposé en petits tas qui portent le nom de *fumerons*. Les fumerons doivent être espacés de sept mètres environ en tous sens ; cet espacement est basé sur la distance à laquelle, lors de l'épandage, un ouvrier peut jeter le fumier, et cette distance est de 3 mètres 50 cent. environ. Les fumerons doivent avoir, autant que possible, le même volume et être répartis très-uniformément sur le champ, car de ces deux conditions dépend en grande partie la régularité de la fumure et des récoltes. On y arrive facilement avec un peu d'habitude et d'attention.

Épandage. — Le fumier ne doit pas être laissé en tas dans le champ, mais bien épandu aussitôt. En fumerons, le fumier fermente, et une partie s'en dégage sous forme volatile, en pure perte dans l'atmosphère. S'il vient à pleuvoir, il est délavé, et la place où se trouvaient les fumerons est fumée en excès et au préjudice des autres parties de la pièce. De là, inégalité de la fumure des récoltes.

L'épandage complet s'exécute en deux fois ; d'abord le fumier est distribué au moyen de fourches, sans s'arrêter à briser et éparpiller les morceaux ou fragment ; ce n'est qu'après qu'ils seront brisés et éparpillés, soit par les mêmes ouvriers revenant sur leurs pas, soit par d'autres venant à la suite des premiers. En procédant ainsi, on réalise une notable économie de main-d'œuvre, et, point important, la répartition du fumier est régulière.

Enfouissement. — L'enfouissement du fumier frais peut être différé ; il en est de même du fumier décomposé, par les temps de pluie. Par un temps de soleil, au contraire, l'enfouissement du fumier décomposé doit suivre de près son épandage, autrement il pèrd de son efficacité. Si l'enfouissement du fumier consommé et court se fait sans difficulté, il n'en est pas ainsi pour le fumier frais et pailleux ; celui-ci engorge la charrue et la fait bourrer, et souvent faut-il que le laboureur soit précédé d'une femme ou d'un enfant qui attire le fumier dans la raie. Avec cette précaution, la charrue marche sans obstacle et l'enfouissage se fait bien.

La profondeur à assigner au labour qui couvre le fumier varie avec la nature du terrain, la conformation des racines des récoltes qu'il doit porter, et enfin avec le climat. Il sera moins profond dans les terrains humides et compactes que dans ceux qui sont secs et légers ; il sera également moins profond pour les récoltes à racines traçantes que pour celles à racines longues et pivotantes. Enfin, dans les contrées chaudes et sèches, le fumier exige un enfouissement plus profond que dans celles qui sont froides et humides.

Dans les conditions ordinaires, les labours d'enfouissement sont de $0^m 15^c$ environ, profondeur qu'il ne faudrait pas atteindre dans les terres tenaces et compactes, et qu'il faudrait dépasser de quelques centimètres dans les terres sablonneuses et légères. L'important de cette opération est que le fumier soit bien enterré, et, par cette considération, la profondeur du labour croît avec la dose de la fumure et l'état pailleux du fumier.

Fumure en billons. — Ce système de fumure est adopté lorsque le fumier manque pour une fumure complète. On opère ainsi : on fait des billons, puis dans la dérayure de chacun d'eux on dépose du fumier ; en les refendant, on forme de nouveaux billons à l'intérieur desquels se trouve le fumier. Sur le sommet des nouveaux billons on sème ou on plante. Cette manière de fumer produit de bons effets sur la récolte à laquelle on l'applique, mais elle a le grave inconvénient de répartir très-inégalement la fumure pour les récoltes suivantes.

Dose de la fumure. — Il y a à distinguer la dose du fumier qui revient en moyenne et par an à chaque hectare, et celle qui est appliquée à la même étendue de terrain à chaque fumure. Un exemple fera mieux ressortir cette distinction. Soit une ferme où on fume tous les cinq ans à raison de 25,000 kilos par hectare. La dose moyenne de fumier, par hectare et par an, est de 5,000 kil., et la dose de la fumure est de 25,000 kil.

On peut dire, d'une manière générale, que la quantité de fumier qui revient annuellement à chaque hectare est trop faible ; cette étendue de terrain devrait recevoir tous les ans le fumier produit par une tête de gros bétail, c'est-à-dire 12 à 15,000 kilos, ou 24 à 30 mètres cubes. Il est toujours avantageux de fumer fortement, d'une part, parce que, comme je l'ai fait voir, les produits sont obtenus à meilleur compte, et que, d'une autre part, il sont exposés à moins de chances fâcheuses. Une récolte d'automne, bien fumée, supportera mieux l'hiver, et se relèvera plus sûrement de ses atteintes qu'une peu fumée.

Une récolte de printemps bravera mieux la sécheresse sur un terrain fortement fumé que celui qui l'aura été avec parcimonie. L'excès de fumier n'est pas à craindre, même amènerait-il la verse des céréales; car il y a toujours des moyens d'y remédier, soit en choisissant des variétés moins sujettes à verser, soit en les faisant précéder de plantes comme le colza, le lin, les betteraves et autres qui ne craignent pas pareil accident. On prévient encore la verse par excès de fumier, en labourant plus profondément. Jamais proverbe ne fut plus vrai que celui qui dit que *jamais blé versé n'a ruiné son maître.*

Quant à la dose de chaque fumure, elle n'est pas la même pour tous les terrains comme pour tous les assolements. Dans les sols sablonneux et crayeux, où l'engrais dure peu, et où il sera appliqué tous les deux ou trois ans, la fumure sera moins forte que dans les terres argileuses et compactes, où elle peut n'être répétée que tous les 5 ou 6 ans. Dans les sols brûlants, il est nécessaire de fumer pour chaque récolte, et pour ce motif d'employer moins d'engrais chaque fois. La dose de la fumure varie ai-je dit, avec l'assolement adopté; en effet, elle sera moins forte dans tel assolement où le fumier reviendra tous les 2 et 3 ans, que dans tel autre où il serait appliqué par 5 ou 6 ans.

Évaluation de la fumure. — Au premier abord, il semble assez difficile de se rendre compte du nombre de 1,000 kil. mis par hectare. Il suffit cependant de connaître le cube ou volume des véhicules et de savoir, à peu près, ce que pèse un mètre cube de fumier; multipliant ce premier résultat par le nombre des voyages, on connaît la quantité de fumier appliqué par hectare.

Durée du fumier. — La durée du fumier n'est pas la même pour tous les terrains, pour toutes les récoltes et pour tous les fumiers ; elle varie également avec les façons données au sol. Les effets du fumier se font sentir moins longtemps dans les sols siliceux, secs et légers, que dans ceux qui sont argileux, humides et compactes ; ils se prolongent moins aussi dans les terres calcaires que dans celles qui contiennent peu ou point de carbonate de chaux. Les récoltes n'ont pas une moins grande influence sur la durée des engrais. Telles récoltes les absorbent rapidement, tandis que telles autres en augmentent la masse. Est-il besoin de citer l'exemple des prairies et des luzernières, dont le sol est plus riche après les avoir portées qu'avant ? La durée, ai-je dit, n'est pas la même pour toutes les espèces de fumiers ; en effet, les fumiers frais et pailleux durent plus que ceux qui sont décomposés.

Vient enfin l'influence des façons sur la durée des engrais de ferme. Examinons d'abord quels sont les effets des façons sur le sol : elles l'aèrent et ramènent successivement ses différentes parties à la surface, toutes conditions favorisant la décomposition des matières fertilisantes enfouies dans la terre ; c'est ce qui se voit dans les prairies dont le sol va s'enrichissant, tant qu'il n'est pas entamé par la charrue. Une terre souvent remuée se ressentira moins longtemps de la fumure que celle qui le sera rarement. Ce n'est pas un motif pour que l'on s'abstienne de donner de nombreuses façons au sol, car il est toujours avantageux de faire absorber rapidement le fumier par les récoltes.

Fumure en couverture. — Fumer en couverture, c'est appliquer le fumier ou d'autres engrais à la surface du sol, alors qu'il est occupé par des récoltes. A certaines cultures, ce genre seul de fumure convient : les prés, les luzernes, les sainfoins, les trèfles ne se fument pas autrement. La fumure en couverture est aussi appliquée au printemps sur les céréales qui ont souffert pendant l'hiver, et sur celles qui n'ont pu, faute de fumier disponible lors de leur ensemencement, en recevoir une quantité suffisante. Le meilleur fumier, dans ces circonstances, est consommé et réduit en terreau.

Le fumier n'est pas toujours mis en couverture dans le but de fumer les plantes sur lesquelles il est appliqué, mais il l'est encore dans celui de les protéger contre les rigueurs de l'hiver : telles se fument les jeunes luzernes semées d'automne, et qui redoutent le déchaussement pendant le premier hiver. Pour cette raison, l'application du fumier a lieu avant les froids ; il doit être frais et pailleux.

18me LEÇON.

Engrais minéraux.

Sont connues sous cette dénomination les matières minérales susceptibles de servir d'engrais. Les engrais de cette catégorie sont : le plâtre, les cendres vives et lessivées, la suie, les phosphates fossiles, les composts et le sel marin.

Plâtre. — Le plâtre est un des engrais dont il importe le plus de voir se généraliser l'usage, parce qu'il permet de doubler à peu de frais le rendement des légumineuses : plantes précieuses par leurs produits et leurs effets améliorateurs sur le sol. Le plâtre est employé cru ou cuit ; son action, à l'un ou à l'autre de ces états, paraît être la même. L'important est qu'il soit bien divisé.

La question de savoir quels sont les terrains à plâtrer, est une de celles qui ne sont pas complètement élucidées. Cependant il semblerait résulter d'expériences faites, à cet égard, des plantes sur lesquelles l'action du plâtre est la plus remarquée, que cet amendement ne produit d'effets que sur les terrains calcaires. D'ailleurs il est toujours prudent, lorsque le plâtre n'est pas en usage dans la localité où l'on cultive, de faire des essais de plâtrage en petit, avant d'entreprendre cette opération en grand. Le plâtre agit favorablement sur les trèfles, les luzernes, les sainfoins, les vesces, les pois et autres légumineuses. On attribue aussi au plâtre une action favorable sur les choux, le colza, le lin, le chanvre.

C'est au printemps, lorsque les gelées ne sont plus à craindre, que le plâtre est appliqué. Mais ce n'est pas la seule condition de réussite du plâtrage. L'application ne doit en être faite que lorsque les plantes sont assez développées pour couvrir le sol, et alors que les feuilles sont chargées de rosée, c'est-à-dire le matin et le soir, ou encore à la suite d'une petite pluie. Le plâtre se sème à la volée, comme tous les engrais pulvérulents, en ayant soin de choisir un temps calme et sans vent. La dose la plus convenable est de 2 à 400 kilos par hectare.

Les effets du plâtre sur les légumineuses fourragères sont vraiment merveilleux. Il suffit de tracer avec du plâtre, sur un champ de trèfle, une ligne, une lettre, un mot, pour qu'à la vigueur de la végétation on reconnaisse là où il est tombé. Par le plâtrage le rendement est souvent doublé et s'élève parfois dans une plus grande proportion.

Le reproche fait à l'emploi du plâtre de produire des fourrages dont la consommation occasionne la météorisation ne paraît pas fondé, et relativement à celui de rendre les légumes, tels que pois, haricots, d'une cuisson difficile, les opinions sont partagées.

Les *plâtras* ou débris de démolition sont avantageusement employés sur les prairies humides, et remplacent la chaux et la marne pour l'amendement des terres arables, à raison de 200 hectolitres ou 20 mètres cubes par hectare pour les sols compactes, et de 10 mètres cubes pour les sols légers.

Cendres. — Les cendres vives ou non lessivées sont assez rarement employées en agriculture; la manière de s'en servir est la même que pour les charrées.

Charrées ou cendres lessivées. — Particulièrement dans les sols non calcaires s'emploient les charrées. La plupart des récoltes s'en trouvent bien : les prairies naturelles, les céréales, le sarrazin, les betteraves, les navets, les trèfles, etc. Suivant les récoltes auxquelles sont appliquées les charrées, l'épandange se fait au printemps en couverture ou lors des semailles. Dans ce dernier cas, elles sont enfouies par le même hersage que les semences. La quantité de charrée par hectare varie ordinairement entre 20 et 30 hectolitres. Les charrées du commerce sont rarement pures et très souvent mélangées de terre , de sable , etc. L'analyse chimique est le seul moyen de déceler avec certitude la fraude.

Suie. — Les terrains calcaires sont ceux auxquels la suie paraît le mieux convenir. Elle s'applique en couverture, au printemps, sur les céréales, les prairies naturelles et artificielles, à la dose de 20 à 30 hectolitres.

Phosphates fossiles. — Dans un certain nombre de départements, on trouve dans le sol, à une profondeur variable, des modules ou rognons composés de même matière que les os, c'est-à-dire de phosphate de chaux. Ces rognons, après leur pulvérisation, donnent une poudre gris-verdâtre, qui est employée comme engrais. L'usage des phosphates fossiles, quoique tout récent, a donné les meilleurs résultats tant dans les Deux-Sèvres que partout ailleurs. Ils s'emploient dans les terres non calcaires nouvellement défrichées, à la manière du noir, de la poudre d'os et autres engrais de la même espèce, qu'ils remplacent en tout et pour tout en coûtant moitié moins. Ils agiraient même, paraît-il, dans les terres depuis longtemps en culture et chaulées ; dans les terres calcaires même, à la condition d'être mêlés au fumier lors de sa mise en tas. Ainsi employés, la dose, par hectare, est de 250 à 300 kilog. ; dans les défrichements, elle est de 5 à 600 kilos. Les 100 kilos. pris à l'exploitation générale, 5, rue Boucry, à la Chapelle-Paris, coûtent, en gare de Niort, de 8 à 10 fr.

Composts. — On désigne sous ce nom des tas de débris végétaux, d'une décomposition difficile, qui seraient à peu près sans effet dans le sol, s'ils n'avaient, avant leur emploi, subi une fermentation préalable. Ce sont ordinairement de mauvaises herbes, des bruyères, des tourbes, des curures de fossés, des gazons et autres matières semblables, qui servent à la formation des composts. Ces matières sont disposées en tas, puis arrosées de purin, de matières fécales, qui, tout en favorisant la décomposition des composts, ajoutent à leur valeur fertilisante. La chaux, dans les contrées où elle est employée à l'amendement des terres, entre souvent dans la composition des composts ; mais il faudrait se garder de l'incorporer dans les composts arrosés comme il est dit plus haut, ainsi que dans ceux qui contiendraient du fumier. Durant leur confection, les composts sont coupés et brassés plusieurs fois. On s'en sert lorsque la décomposition est complète, ce qui demande trois mois, six mois et même un an, suivant la nature des matériaux dont ils sont formés. Les composts offrent une précieuse ressource pour la fumure des prairies naturelles, dont ils activent efficacement la végétation.

Sel marin. — L'emploi du sel comme engrais a été l'objet de vives controverses, à la suite desquelles une solution définitive ne peut être donnée sur sa valeur. Certaines expériences portent à croire qu'il est des cas où le sel agit favorablement sur la végétation ; d'autres expériences sont complètement négatives. En résumé, jusqu'à preuve du contraire, le sel ne peut pas être considéré, ni conseillé comme engrais.

19me LEÇON.

Instruments.

Charrue. — Les usages de la charrue sont assez connus pour qu'il soit inutile de les rappeler. Tout le monde sait aussi qu'il y a des charrues avec avant-train ou avec roues et qu'il y en a qui sont sans avant-train. De là, deux catégories de ces instruments : l'une comprenant les *araires* ou charrues sans avant-train, l'autre des *charrues* proprement dites ou avec l'avant-train. Cette étude ne portera que sur les charrues nouvelles ou perfectionnées ; s'il est question de ces instruments, qui n'ont de la charrue que le nom, ce ne sera que pour en faire ressortir les défauts et en conseiller l'abandon.

Qu'entend-on, tout d'abord, par une bonne charrue ? Une telle charrue détache nettement la bande de terre, la retourne de manière à en exposer la plus grande surface à l'air, ou à enfouir complètement soit les engrais, soit les mauvaises herbes, selon le but du labour, le tout avec le moins de tirage. Dans le cours de l'examen, auquel nous allons nous livrer, des différentes pièces de la charrue, nous indiquerons les conditions qu'elles doivent remplir pour que ces résultats soient obtenus.

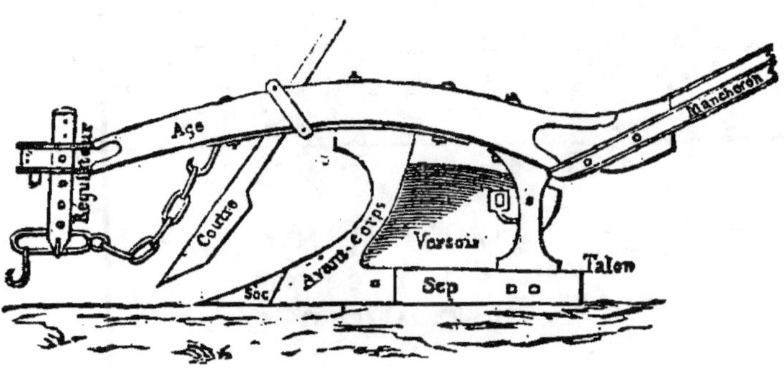

Araire ou Charrue sans avant-train. — Prix : 60 f.

Araires ou charrue sans avant-train. — Les différentes parties dont se compose l'araire sont: le *soc*, le *coutre*, le *versoir*, l'*age*, les *étançons*, le *sep*, les *mancherons*, le *régulateur*, le *crochet* et la *chaine d'attelage.*

Le *soc* est cette partie de l'araire destinée à couper horizontalement la bande de terre. Sa forme est ordinairement triangulaire. Dans les araires spécialement construites pour les terres graveleuses et pierreuses, il se termine en une pointe allongée, quelquefois mobile. La largeur du soc doit être suffisante pour détacher totalement la bande de terre ; avec un soc trop étroit, il y a un déchirement qui ne se produit pas sans qu'il en résulte une augmentation de tirage. La largeur est convenable lorsqu'une ligne droite, tirée de la pointe latérale du soc ou aile, passe en dehors du versoir; en d'autres termes, le soc doit avoir la même largeur que la partie la plus avancée du bord inférieur du versoir.

Pour donner plus de stabilité à l'araire, et, en même temps, une tendance constante à entrer en terre, les constructeurs dirigent la pointe du soc un peu en bas et à l'opposé du versoir. A la simple inspection, on peut se rendre compte si ces conditions sont remplies.

Pour s'en assurer d'une manière certaine, il suffit d'appliquer une règle, d'abord sur la pointe du soc et sur la surface horizontale du talon du sep, puis sur la face latérale de cette même partie de la charrue et sur l'extrémité du soc. Dans ces deux positions, elle ne doit reposer que sur les deux points extrêmes, et présenter avec les autres un écartement de 1 à 2 centimètres, suivant la force de l'instrument.

Les socs sont en fer, aciérés à la pointe et sur la partie tranchante, ou en fonte. Les socs en fonte ne conviennent que dans les terrains où ne se rencontrent ni pierres, ni racines. Ils sont d'un prix moins élevé et durent tout autant, lorsqu'ils ne sont pas exposés à se heurter contre des obstacles susceptibles de les briser. Le mode d'attache du soc au corps de l'araire varie; le plus usité est celui par boulons.

Coutre. — Pièce en forme de couteau, qui détache verticalement la bande de terre. Il se compose de deux parties : le manche qui sert à l'assujettir à l'age, et la lame ou partie tranchante. Le coutre est fixé à l'age du côté opposé au versoir. Sa position est oblique, de haut en bas et d'arrière en avant. La pointe arrive jusqu'à 4 ou 5 centimètres de celle du soc, et à 7 ou 8 millimètres en avant et en dehors. Enfin, une dernière disposition, qui tend à donner de la stabilité à l'araire, c'est que le tranchant du coutre soit oblique à la terre non labourée. On reconnaît qu'il en est ainsi lorsqu'une règle, posée sur le tranchant du coutre et sur la face latérale du talon du sep ne touche qu'à ces deux points.

Le coutre se fixe de différentes manières. La disposition la plus heureuse, en ce sens qu'elle n'exige ni mortaise, ni boulons, qui diminuent toujours la solidité de la charrue, est l'*étrier américain*, bride en fer, se serrant à volonté, qui embrassent l'age et le manche du coutre, et les maintient réunis.

Le coutre peut être supprimé sans inconvénient, dans les terres légères et meubles; il doit même l'être, pour diminuer l'engorgement, lorsqu'il s'agit d'enfouir de mauvaises herbes ou des fumiers longs et pailleux.

Versoir. — Lorsque la bande de terre a été coupée horizontalement par le soc, et verticalement par le coutre, elle doit être retournée ; c'est la partie du labour exécutée par le versoir: de lui dépend en grande partie la perfection du labour. C'est surtout à l'œuvre que l'on reconnaît un bon versoir. Lorsqu'il est tel, la bande de terre s'élève graduellement, puis se retourne naturellement et sans effort. L'examen d'un versoir usé ou du moins ayant servi, indique clairement si la courbure est convenable ou par où elle pêche. Dans celui où l'usure est inégale, c'est une preuve que les parties les premières usées étaient

trop en relief, et les autres pas assez. Le versoir
ne doit être ni trop long, ni trop court. Trop
court, le retournement de la bande est trop brusque et devient, surtout dans les terres argileuses,
la cause d'un notable surcroît de tirage; trop
long, la bande de terre pèse sur lui plus de
temps de tout son poids, de là plus de résistance.

Le versoir est en fer forgé ou en fonte. La
fonte est la matière qui convient le mieux, parce
que , pouvant se couler, on obtient avec elle
toujours des versoirs de même forme ; d'un
autre côté, elle résiste très-bien au frottement,
principale cause d'usure de cette partie de la
charrue. On reproche, il est vrai, aux versoirs
en fonte d'être plus cassants que ceux en fer ;
mais, avec quelque attention de la part du laboureur, les accidents par la cassure sont très-rares.
Il est une autre considération dont il faut tenir
compte, c'est que le prix de la fonte est moins
élevé que celui du fer.

Le versoir est attaché, le plus souvent par des
boulons, à l'étançon d'avant. Cependant, dans
quelques charrues, les boulons sont remplacés
par des charnières pour rendre le versoir mobile. Je ne saurais reconnaître à cette mobilité
du versoir, les avantages qu'elle semble présenter au premier abord. En changeant l'écartement, on modifie la courbure du versoir, et son
raccord avec les autres parties de la charrue
n'est plus aussi parfait, toutes conditions défavo-
rables à l'exécution d'un bon labour. D'un autre
côté, le mode d'attache par charnières est moins
solide et plus sujet à se déranger que celui par
boulons.

5*

Les *étançons* sont au nombre de deux : l'étançon antérieur ou avant-corps, et l'étançon postérieur. C'est à l'étançon antérieur, que s'adaptent le soc et le versoir ; il forme la gorge de la charrue. L'étançon postérieur est placé à l'arrière et relie le sep à l'age.

Le *sep* ou *semelle* est la pièce qui glisse au fond de la raie. On distingue trois parties dans le sep : la *muraille*, ou partie latérale ; la *semelle*, ou surface qui glisse au fond de la raie ; enfin le *talon*, ou partie postérieure du sep.

Un sep, dont la semelle et la muraille sont trop larges, lisse inutilement le fond et le côté de la raie, aux dépens de la force de tirage. Un sep très-long donne plus de stabilité à l'araire, mais augmente le frottement ; ainsi, pour diminuer autant que possible cette cause de résistance, doit-on réduire le sep à la longueur strictement nécessaire. Les étançons et le sep sont ordinairement en fonte.

L'*age* est en bois ou en fer ; il sert à assembler les différentes pièces de l'araire. On lui donne aussi le nom de *haie*, de *perche*, de *flèche*, etc. L'age est droit ou courbé. Cette dernière disposition est adoptée par les meilleurs fabricants, comme donnant moins de tirage et comme laissant à la gorge une plus grande hauteur, ce qui rend l'engorgement moins fréquent.

Mancherons. — A l'extrémité postérieure de l'age sont fixées deux pièces, en bois ou en fer, qui servent au laboureur à guider la charrue ; ce sont les *mancherons*.

La longueur des mancherons offre un avantage lorsqu'on veut faire sortir l'araire de terre, mais devient un embarras pour l'y faire pénétrer.

Régulateur. — On désigne ainsi la partie de l'araire qui sert à régler la largeur et la profondeur du labour. Il y a des régulateurs de toutes les formes. Le plus simple, et par cela le meilleur, est le *régulateur à crémaillière*; il est adopté par le plus grand nombre des constructeurs. Il se compose d'une tige verticale, percée de trous, traversant l'extrémité de l'age et pouvant s'abaisser et s'élever à volonté. Une cheville, qui traverse l'age, ainsi que cette tige, la maintient dans une position fixe. A l'extrémité de la tige verticale, il s'en trouve une autre soudée à celle-ci à l'angle droit, et dans laquelle sont creusées des dents de crémaillière qui servent à loger l'anneau de la chaîne de tirage.

Crochet d'attelage. — A la partie médiane de l'age est fixé le *crochet d'attelage*, auquel s'accroche la chaîne de tirage. Dans les charrues solidement construites, il est soudé à une bande de fer qui se prolonge jusqu'à l'arrière de l'age.

La *chaîne de tirage* est tout simplement une chaîne en fer, qui porte à une de ses extrémités un crochet, et dont un de ses anneaux est assez long et assez large pour embrasser la crémaillière du régulateur.

Règlement de l'araire. — Régler un araire, c'est fixer la largeur et la profondeur de la raie à ouvrir. L'araire se règle en profondeur et en largeur. On règle en profondeur au moyen du régulateur, des traits et des mancherons. En élevant le régulateur, en allongeant les traits et en soulevant les mancherons, on augmente la profondeur ; par suite, on la diminue, en abaissant le régulateur, en raccourcissant les traits, enfin en pesant sur les mancherons.

Le règlement en largeur s'opère par le régulateur et les mancherons. La largeur augmente d'autant plus que la chaîne de tirage est plus portée du côté du versoir. Elle croît aussi à mesure que l'on pèse sur le mancheron placé de ce même côté, en même temps que l'on soulève l'autre. Avec les régulateurs à crémaillère, il peut se faire qu'en déplaçant la chaîne d'une dent, on obtienne une déviation trop grande; on tord alors la chaîne à gauche ou à droite, suivant le résultat à obtenir.

L'action du laboureur sur les mancherons ne doit être que passagère ; lorsque, par exemple, il y a une déviation par la rencontre d'une inégalité de terrain ou de tout autre obstacle. Une charrue qui, pour être maintenue à une profondeur ou à une largeur convenable, exigerait l'action permanente du laboureur, serait mal construite ou mal réglée. Un des signes les plus certains d'une bonne construction et d'un bon règlement est que la charrue marche à peu près seule, ou du moins sans qu'il soit besoin de la guider constamment

De plus grands détails sur le maniement de l'araire seraient superflus ; une heure de leçon pratique en apprendrait plus que tout ce que nous pourrions dire ici.

Tirage dû au poids. — On est porté à tort à croire que le tirage croît dans la même proportion que le poids de la charrue. Il est prouvé, par des expériences faites à ce sujet, qu'avec un poids double, le tirage n'augmente que de 1/5, et que de 1/2 avec un poids triple.

Charrue à avant-train ou charrue proprement dite. — Les charrues sont des instruments destinés à disparaître ; comparées aux araires, elles présentent trop de défauts pour qu'elles ne soient pas abandonnées à mesure que les cultivateurs se familiariseront avec le maniement des nouveaux instruments et que les bons constructeurs deviendront plus nombreux. Leur grand défaut est d'exiger beaucoup de tirage. Dans une terre forte, pour un labour profond, le tirage d'une charrue sera près du double de celui d'un araire. Ainsi, là où un attelage exécutera, sans peine, avec l'araire, un labour de 20 à 25 centimètres, avec la charrue il remuera à peine 11 à

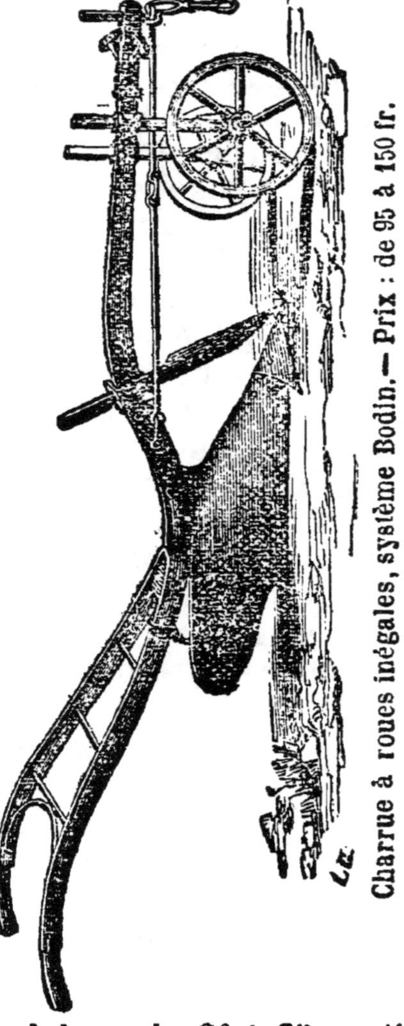

Charrue à roues inégales, système Bodin. — Prix : de 95 à 150 fr.

14 centimètres. L'araire, obéissant plus facilement à l'action du laboureur sur les mancherons, permet bien mieux aussi, dans un terrain inégal , de suivre toutes les sinuosités du sol, d'éviter les pierres, les racines et autres obstacles. Ajoutons que l'avant- train élève le prix de la charrue.

Les avantages que l'on prête à la charrue sont plus apparents que réels. En effet, quels seraient-ils ? Sa construction est plus facile, dit-on ; sa conduite demande moins d'attention de la part du laboureur. Avouons-le, une charrue, tant mal construite qu'elle soit, fonctionne ; il n'en est pas de même d'un araire. Mais c'est au prix d'un tirage double ou triple que l'on obtient d'un tel instrument un mauvais travail La conduite de la charrue demande-t-elle réellement de la part du laboureur moins d'attention que celle de l'araire ? Non, il n'y a qu'une affaire d'habitude. Après quelque temps d'apprentissage, l'ouvrier exécute tout aussi machinalement la manœuvre de l'araire que celle de la charrue. Il n'est pas un ouvrier qui, s'étant servi des deux instruments et libre de choisir, ne donne la préférence à l'araire.

Les indications qui ont été données pour les différentes pièces de l'araire sont, sauf pour l'age, applicables à la charrue. Ajoutons que l'avant-train est d'autant mieux construit et donne d'autant moins de tirage que ses roues impriment sur le sol des ornières moins profondes ou qu'il est moins sujet à être soulevé de terre. Ceci est tout simplement une question de diamètre des roues. Avec des roues trop basses, l'avant-train est soulevé ; des roues trophantes, au contraire, l'enfoncent profondément dans le sol.

20ᵐᵉ LEÇON.

Instruments (suite).

Herse. — Il suffit de citer les principaux usages de la herse pour faire ressortir toute l'utilité de cet instrument. La herse sert à ameublir le sol, à déraciner les mauvaises herbes, à enfouir les engrais pulvérulents , enfin à couvrir les semences.

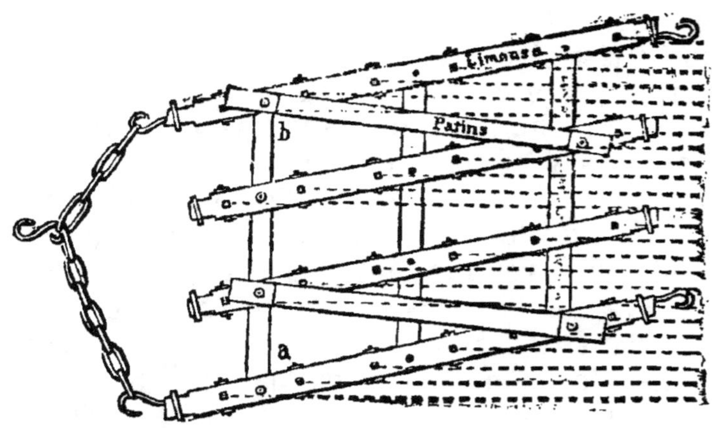

Herse Valcourt. — Prix : 40 francs.

Des herses communes, la plus estimée est due à *Valcourt,* dont elle porte le nom. Sa forme est, comme l'indique le dessin, parallélogrammique. Ses principales pièces sont 4 ou 5 *limons,* dits aussi *montants*, qui, assemblés par trois traverses, forment le châssis, lequel est consolidé par deux pièces en bois qui portent le nom de *patins* ou *chapeaux.* Dans les *herses Valcourt* bien construites, les patins sont fixés à l'extrémité antérieure d'un des limons, et à l'extrémité postérieure du limon voisin ; ils sont aussi parallèles entre eux, et leur direction est la même que celle de la marche de l'instrument.

Les dents, dont le nombre varie de 24 à 30, sont réparties sur chacun des limons à raison de 6 ; elles sont de forme carrée et terminées en pointe. Leur longueur, en dehors du bois, est de $0^m 16$ à $0^m 20$. Elles ne sont pas implantées perpendiculairement dans les limons : on leur donne une certaine inclinaison, non dans le sens des limons, mais dans celui que la herse doit prendre dans le travail. Une des arêtes de la dent doit aussi être tournée dans cette direction, afin que les mottes viennent se heurter contre une partie tranchante. Sauf dans les terrains très-légers ou très-meubles, les dents sont en fer. La manière dont elles sont fixées n'est pas toujours la même : tantôt leur extrémité est taraudée, et elles sont serrées au moyen d'écrous ; tantôt elles sont garnies de bavures sur leurs angles et·implantées dans le bois à coup de masse ; d'autres fois enfin elles sont retenues par des boulons qui les traversent, ainsi que le limon. Cette dernière disposition mérite la préférence. Les autres pièces de la herse sont quatre crochets adaptés aux extrémités des limons extérieurs, et la chaîne d'attelage. Cette chaîne ne présente aucune particularité ; il faut seulement qu'elle soit assez longue pour atteindre sans peine les deux crochets. Quelque soin que l'on eût mis à remplir ces conditions, une herse ne fonctionnera qu'imparfaitement si l'ouverture des angles n'est pas convenable. Ce point est essentiel dans la construction de la herse. Les angles que l'on considère sont indiqués en *a* et en *b* dans le dessin. Le premier porte le nom d'angle aigu, et le second d'angle obtus. L'ouverture de l'angle obtus doit être de 110°, et celle de l'angle aigu de 70°. Il n'est pas toujours facile de s'assurer si cette condition est remplie ; aussi est-il plus simple de s'adresser, pour ses achats, à un fabricant inspirant toute confiance.

Une herse Valcourt, dont le travail ne laisse rien à désirer, trace sur le sol autant de raies également espacées d'égale profondeur, qu'elle compte de dents. C'est non-seulement le résultat d'un bon agencement de ses différentes parties, mais aussi celui d'un bon réglement. Une herse bien construite se règle sans difficultés. Il faut d'abord atteler la herse à un point de la chaîne tel que, pendant le travail, la direction des patins soit la même que celle de l'instrument. Ce point se trouve, à quelques mailles près, au tiers de la chaîne, à partir du côté où le chapeau est fixé à l'extrémité du dernier limon ; en d'autres termes, à partir du côté droit. On doit avoir le

Herse articulée, Bodin. — Prix : 100 à 140 fr.

soin aussi de n'atteler ni trop court, ni trop long. Une herse, attelée trop court, enfonce plus la partie postérieure que la partie antérieure; attelée trop long, le contraire a lieu. Si, en modifiant la longueur des traits, on ne peut arriver à lui faire occuper une position telle qu'elle s'enfonce autant en avant qu'en arrière, il y a de la faute du constructeur, la distance à laquelle il convient de placer les premières dents de l'extrémité des limons n'a pas été bien observée. Elle est trop courte, si la herse se lève du devant; trop longue, si le contraire a lieu.

La herse se transporte au champ après l'avoir renversée sur les patins.

A côté de la herse Valcourt, nous placerons, comme instrument très-estimé, la herse en fer articulée. La herse triangulaire est bien inférieure à ces deux sortes de herse, tant comme travail que comme tirage.

Rouleau. Au moyen du rouleau, on tasse, ameublit ou nivelle le sol; ils sont en bois, en pierre ou en fonte.

Les rouleaux en bois sont formés de deux roues, reliées par un essieu, sur la circonférence desquelles sont fixées de fortes planches. Quelquefois, le rouleau est foncé des deux bouts pour pouvoir augmenter, à volonté, son poids en y introduisant de la terre ou du sable Un châssis avec un ou deux limons, selon qu'il est destiné à des bœufs ou à des chevaux, complètent l'instrument. Les dimensions les plus convenables sont: diamètre, de 0^m 80 à 1 m.; longueur, 1 m. à 1^m 50.

Les rouleaux en pierre ont tout simplement

des cylindres d'un diamètres de 0^m20 à 0^m25, et d'une longueur d un mètre, avec bâtis et limons en bois.

Les rouleaux en fonte sont ceux dont l'action est la plus énergique. Le plus estimé est le rouleau anglais Croskill. Quoique d'origine anglaise, cet instrument se trouve chez tous les fabricants français.

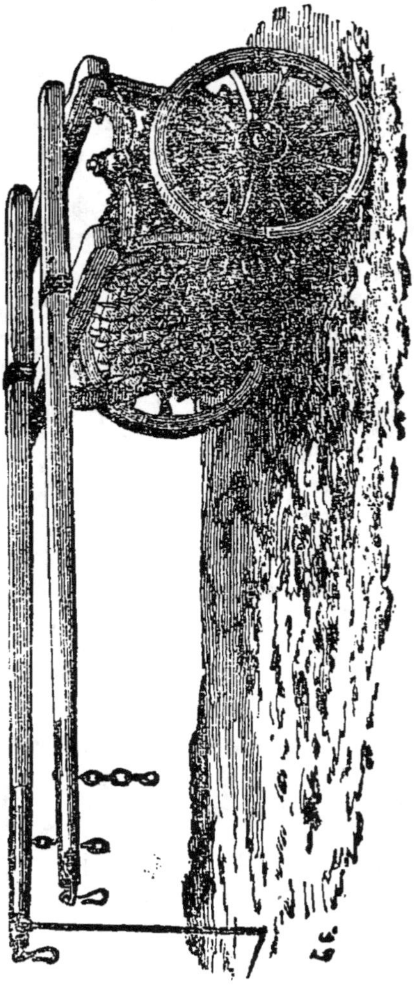

Houe à cheval.— La houe à cheval est destinée à donner les façons nécessaires aux plantes sarclées.

Cet instrument est indispensable aux cultivateurs qui se livrent aux cultures de ce genre. La houe la meilleure, et celle dont dérivent toutes les autres, est la houe Dombasle.

Rouleau Croskill, Bodin. — Prix : 350 à 450 fr.

Elle se compose de trois montants : celui du milieu porte un soc triangulaire, et les deux latéraux, chacun deux couteaux recourbés.

A l'extrémité postérieure des montants latéraux sont fixés deux mancherons, au moyen desquels se dirige l'instrument. Les montants latéraux sont mobiles, et peuvent s'éloigner ou se rapprocher, à volonté, suivant la distance des plantes Un régulateur, placé à l'extrémité du montant du milieu, sert à régler en profondeur. Quelquefois, le soc triangulaire et les couteaux recourbés sont remplacés par des pieds de rechange, en fer de lance; c'est lorsque la terre est dure et tassée et qu'il s'agit de l'ameublir. Si elle était, de plus, enherbée, il faudrait d'abord passer avec les pieds en fer de lance, puis ensuite avec le soc et les couteaux.

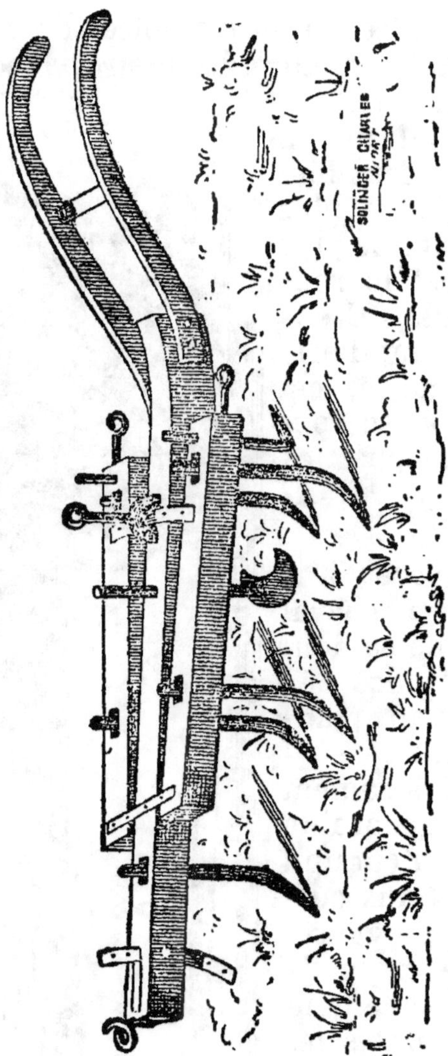

La houe à cheval que nous donnons est celle de M. Garsuault, de Thouars, une des meilleures que nous connaissions.— Prix : 52 fr.

Buttoir ou Butteur. — Cet instrument sert à tracer des raies d'écoulement dans les champs ensemencés de céréales d'hiver, sujets à l'humidité, et à butter les plantes sarclées. Le butteur est un instrument dont on ne saurait se passer partout où les terres sont humides et demandent, pour s'égoutter, des dérayures bien curées, et dans toutes les cultures de plantes sarclées. Les dérayures faites par cet instrument le sont tout aussi bien qu'à la pelle, et avec une notable économie de main-d'œuvre.

Dans le buttoir, l'age et le régulateur diffèrent peu de ceux de la charrue ; mais le sep est plus long et plus large, et le soc n'a plus la même forme : il est en fer de lance. Les versoirs, au nombre de deux, placés à gauche et à droite du corps du buttoir, sont moins contournés que ceux de la charrue ; ils s'écartent ou se rapprochent à volonté, suivant la largeur à ouvrir. On adapte quelquefois à l'age une petite roue ou un support servant à régler en profondeur. Les butteurs les plus estimés sont le butteur *Nothumberland* et celui de *Dombasle*. Le butteur, pour fonctionner, exige de un à deux chevaux. Les bœufs conviennent peu pour ce travail.

Scarificateur. — Cet instrument tient le milieu entre la herse et la charrue. Plus énergique que la première, il l'est moins que la seconde. Le scarificateur est susceptible de rendre de véritables services dans une exploitation et de réaliser de notables bénéfices. On peut en juger d'après les travaux qu'il exécute. Il s'emploie dans les conditions suivantes :

1° Sur un sol préparé, pendant l'hiver, pour

les récoltes de printemps et qui se trouve trop durci au moment des semailles.

Dans ce cas, le scarificateur rend au sol un ameublissement convenable, dont la herse ne serait pas capable, et que l'on obtiendrait par la charrue qu'avec une dépense double et un temps triple.

2° Sur des terrains qui ont porté des céréales. Celles-ci sont toujours mélangées plus ou moins de mauvaises herbes dont les graines

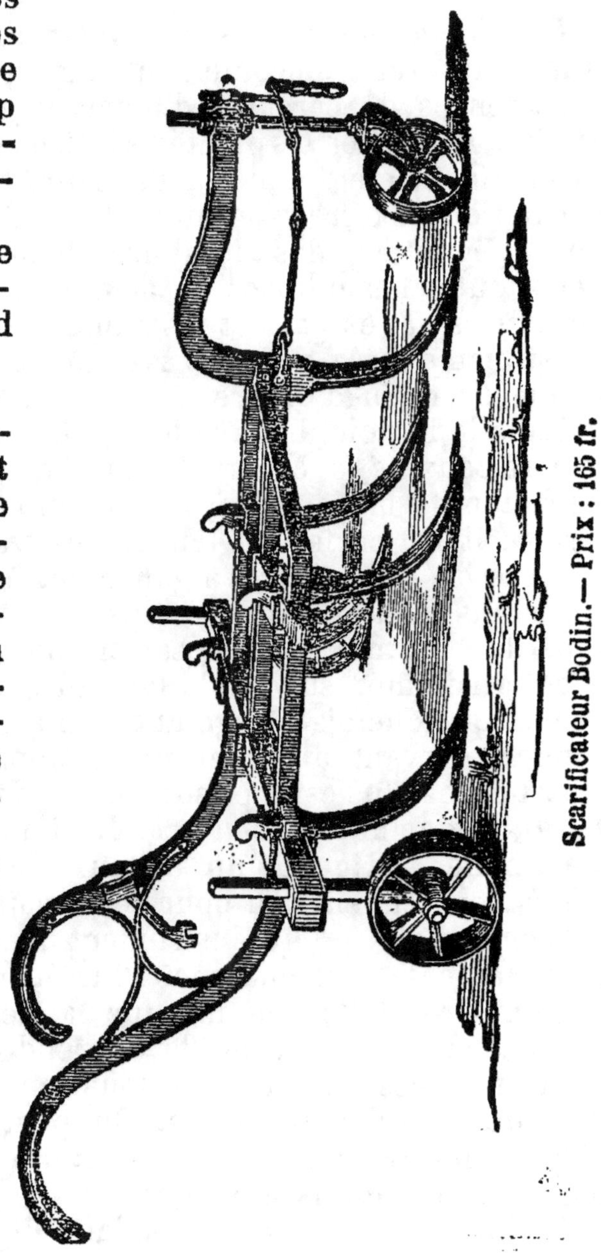

Scarificateur Bodin.— Prix : 165 fr.

sont arrivées à maturité. Si l'on vient à labourer, après l'enlèvement de la récolte, ces graines sont enfouies profondément; elles ne germent pas, se conservent intactes dans le sol; leur germination n'a lieu que successivement, à mesure qu'elles sont ramenées à la surface par les façons subséquentes, et le champ est infesté pour de longues années. Il n'en est pas de même si le champ reçoit un coup de scarificateur. Cet instrument enfouit légèrement les graines qu'il importe de détruire; elles germent, se développent, et arrivées à l'état herbacé, un labour en assure la destruction.

3° Pour les hersages énergiques, lorsqu'il s'agit d'enfouir les engrais pulvérulents, la chaux, etc., d'enterrer les grosses graines: pois, fèves et les céréales dans les sols légers, exposés à la sécheresse et au déchaussement.

Il existe un grand nombre de scarificateurs, différant les uns des autres par leur forme et l'agencement de leurs différentes parties. Cependant on peut dire, d'une manière générale, qu'un scarificateur se compose d'un châssis, en bois ou en fer, supporté par des roues et muni de mancherons. A ce châssis sont fixées de fortes dents, dont le nombre varie de 5 à 9. Dans les scarificateurs les plus heureusement construits, les dents se composent de deux parties; le corps de la dent, qui supporte la résistance, est en fer; l'extrémité inférieure, qui pénètre dans le sol, est en fonte et mobile. Cette disposition permet d'adapter des socs larges et tranchants, lorsqu'il s'agit de déraciner les mauvaises herbes, et des socs plus étroits, lorsqu'il s'agit tout simplement d'ameublir le sol. Le scarificateur exige, pour fonctionner, de 3 à 4 animaux, chevaux ou bœufs, selon le nombre de ses dents, la nature du terrain et le genre de travail à exécuter.

Deux scarificateurs très-estimés sont celui de Dombasle et celui de Botin, de Rennes. Nous reproduisons ce dernier. Il coûte 165 fr.

Défonceuses. — Les défonceuses servent à ameublir le sous-sol pour en rendre la pénétration plus facile pour les racines. L'instrument de ce genre qui remplit les meilleures conditions, comme simplicité et comme travail, est la *fouilleuse* Bazin, perfectionnée par M. Bodin, de Rennes. Cet instrument se compose d'un age en bois ou en fer, dans lequel sont implantées trois fortes dents de scarificateur disposées de manière à embrasser toute la raie. A l'arrière de l'age sont fixés deux mancherons, au moyen desquels se manœuvre l'instrument. Une petite roue, placée à l'avant, donne de la fixité et contribue à régler en profondeur. La fouilleuse marche toujours à la suite d'une charrue, et dans la raie ouverte par elle. Son prix est de 80 fr

Instruments divers. — Nous avons décrit les principaux instruments, nous nous bornerons à passer les autres en revue.

Concasseurs. — Instruments qui servent à pulvériser les tourteaux, ainsi que les grains destinés aux animaux.

Hache-paille. — Le rôle du hache-paille est de couper les fourrages, pour en faciliter la consommation aux animaux.

Coupe-racine. — Il est employé pour préparer les rations des animaux, en découpant en

lanières ou en rondelles les racines fourragères.

Machine à battre. — Son nom indique son
usage.

Tarares, Cribleurs — Sont le complément de
la machine à battre et servent à nettoyer le grain.

Faucheuses. — Instruments d'une invention
récente, qui ont pour but de couper l'herbe des
prairies. Le travail des faucheuses laisse encore
trop à désirer pour que de quelque temps elles
soient d'un usage général Il en est de même des
Moissonneuses.

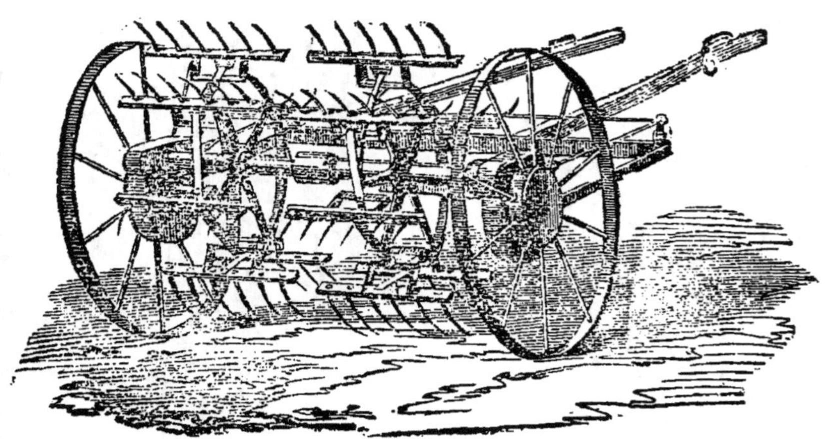

Faneuse Bodin à double effet. — Prix : de 375 à 450 **fr.**

Faneuses, Râteaux à cheval. — Instruments qui
tendent de plus en plus, chaque jour, à remplacer la main de l'homme pour les travaux de fanage et de râtelage. Nous en donnons un spéci-
men dans nos gravures. Ces instruments, dont
le travail ne laisse plus rien à désirer, se propa-
gent de plus en plus

Semoirs. —On connaît un très-grand nombre de semoirs; les uns sèment en ligne, et c'est le plus grand nombre, les autres sèment à la volée. Parmi les premiers, les uns sèment simplement la semence sans la recouvrir, tandis que d'autres la recouvrent; enfin, toujours parmi les semoirs en ligne, les uns sèment la graine en même temps que les engrais pulvérulents, d'autres se bornent à la graine.

Rateau à cheval, système Bodin.— Prix : 250 fr.

Les semoirs sont peu répandus, parce que, pour bien fonctionner, ils demandent une préparation du sol à laquelle on est loin d'arriver dans la plupart des exploitations.

21ᵐᵉ LEÇON.

Façons culturales.

Les façons ont pour but : d'ameublir le sol, de l'aérer, de l'exposer aux influences atmosphériques et de détruire les herbes. Ce sont les labours, les hersages, les buttages, les binages, les roulages, les défoncements, etc.

Labours. — *Forme.* — On distingue, suivant la disposition de la bande que la charrue a retournée : le labour *renversé*, le labour *incliné* et le labour *droit*. Dans le labour renversé, la bande de terre est si complètement retournée que sa face supérieure devient inférieure.

Dans le labour incliné, la bande de terre n'est qu'en partie retournée et se trouve couchée obliquement. Enfin, dans le labour droit, la bande, à peine renversée, reste droite et prend la position d'une brique posée de champ.

Le labour renversé ou plat s'exécute en prenant peu profond et très-large. Cette forme de labour est surtout en usage dans les défrichements.

Le labour incliné convient toutes les fois qu'il s'agit d'aérer et d'ameublir le sol, de l'exposer aux influences atmosphériques, de détruire les mauvaises herbes, telles que le chiendent, l'arrête-bœuf et autres plantes dont la destruction ne s'obtient qu'en les extirpant du sol. Cette forme de labour se prête mieux que la précédente à l'action de la herse par suite des crêtes et inégalités que présente le terrain après le passage de la charrue. Les meilleurs labours en ce genre s'exécutent en donnant à la bande de terre une largeur égale à 1 1/2 de la profondeur. Ainsi, dans un labour de 0 m. 20 de profondeur, la bande, pour être renversée convenablement, aura une largeur de 0 m. 30.

Le labour droit n'est jamais qu'un mauvais labour; il ne convient pas plus pour l'ameublissement et l'aération du sol, que pour la destruction des mauvaises herbes.

Au point de vue de la disposition superficielle du champ, le labour est à *plat*, en *planches* ou en *billons*.

Un champ labouré à plat n'offre pas de dérayures; disons que la dérayure est la raie qui reste ouverte après le labour terminé. Les labours de ce genre s'exécutent au moyen des charrues ordinaires, en faisant un faux endos ou en laissant, au lieu de dérayure, une bande de terre très-étroite que la herse enlève. Le labour à plat convient à toutes les cultures, dans les terrains naturellement sains ou artificiellement assainis, et dans les autres pour l'établissement des prairies naturelles.

Labours en planches. — Suivant ce mode de labour, le champ est divisé en planches plus ou moins larges. La largeur des planches varie de 2 à 10 mètres. La largeur de deux mètres est celle des terrains humides et des labours d'hiver; il est prouvé qu'avec des planches de cette dimension, convenablement bombées et des dérayures bien curées, l'égouttement du sol est tout aussi parfait, pour ne pas dire plus, qu'avec des billons.

Labours en billons. — Un billon se compose de 2 à 4 sillons, et sa largeur varie de 0 m. 50 à 1 mètre. Le labour en billon présente des avantages dans les terrains peu profonds, et dans ceux qui ne sont que superficiellement fumés. Dans les terrains peu profonds, le billon est nécessaire pour réunir en monceau le peu de terre arable qui existe et de fournir un milieu dans lequel puisse végéter la plante ; dans les terrains superficiellement fumés, le motif est le même ; car on ne peut considérer comme terre productive que celle qui est fumée et améliorée. En réalité, dans les seuls terrains peu profonds devraient se rencontrer les billons, car il est de l'intérêt du cultivateur de fumer sa terre, de l'améliorer au point de n'en être pas réduit à cette forme de labour, bien inférieure à celle en planches, à laquelle on reconnaît de nombreux avantages. Avec les planches, la surface productive est plus considérable ; la perte de terrain qui s'élève jusqu'au tiers avec les billons, par suite des nombreuses dérayures, est considérablement réduite. Toutes les façons sont plus faciles sur les planches que sur les billons. Les hersages , les binages , les roulages, la moisson s'exécutent plus rapidement et plus convenablement ; les récoltes sont toujours plus régulières, parce que toutes les parties du sol sont exposées aux mêmes influences atmosphériques, tandis que dans un terrain billonné, les plantes placées sur le versant sud du billon, sont plus précoces, plus vigoureuses et moins exposées à la gelée que celles du versant nord. La culture des plantes fourragères est aussi plus facile, au point de vue de la répartition et de l'enfouissement des graines et du fauchage; en outre, la réussite en est assurée. Nous savons que les planches n'ont pas partout réussi; cela tient, dans la plupart des cas, à ce que n'ayant pas réfléchi qu'avec les planches la surface productive étant de 1/3 plus grande qu'avec les billons, il fallait semer et fumer 1/3 en plus pour récolter dans la même proportion. Autrement, est-il étonnant que les récoltes aient été claires et chétives.

Au point de vue de la profondeur, les labours sont *superficiels*, *moyens* ou *ordinaires* et *profonds*.

Un labour est dit *superficiel*, lorsqu'il a de 8 à 15 centimètres de profondeur. De pareils labours sont de mise pour enfouir les engrais, les amendements et recouvrir les semences. Les labours *moyens* ou *ordinaires*, d'une profondeur de 15 à 20 centimètres, servent à préparer le sol pour les céréales et autres plantes à racines traçantes. Les labours *profonds*, qui remuent la terre de 25 à 30 centimètres, sont donnés au commencement de l'hiver, pour ameublir le sol et le préparer aux récoltes racines et autres plantes pivotantes.

Directions des labours. — Cette direction est, autant que possible, dans le sens de la pente, si celle-ci est légère; obliquement à cette pente, si elle est prononcée. Elle doit être aussi dans le sens de la longueur du champ, afin d'éviter la multiplicité des tournées, qui entraîne toujours une grande perte de temps.

Les conditions d'un bon labour sont: Que la bande de terre soit bien retournée; que les raies soient

de même largeur et de même profondeur, droi-
tes et parallèles entre elles, et que la surface du
labour soit régulière.

Défoncements. — Ils ont pour but d'augmenter
la couche arable, en ameublissant le sous-sol ou
en le mélangeant au sol. Le défoncement est une
des améliorations agricoles qui présentent le
plus d'avantages. Un grand nombre de terrains
peuvent être assainis par ce moyen ; dans tels
sols où le drainage semble indispensable, un
défoncement suffirait pour les assainir. Cet effet
se comprend facilement, la couche meuble étant
peu profonde, l'eau s'infiltre mieux et est absorbée en plus grande quantité. Les plantes qui
trouvent un plus grand cube de terre, préparé
pour recevoir leurs racines, se développent avec
vigueur et échappent aux accidents qui les atten-
dent dans les terrains superficiellement ameublis,
tels que le déchaussement, le manque d'humidité,
la verse, etc. Les défoncements changent aussi
souvent la nature de la couche arable ; en mêlant
à un sol siliceux un sous-sol argileux, à un sol
argileux un sous-sol siliceux, ils diminuent la
tenacité de l'un et la légèreté de l'autre.

Ces défoncements sont de deux sortes : les *défoncements proprement dits* qui mélangent le sol
au sous-sol, et les *sous-solages* qui remuent et
ameublissent simplement le sous-sol, sans le ramener à la surface. Les défoncements proprement dits s'exécutent soit à la main, soit à l'aide
d'instruments.

Le défoncement à la main se fait en grande
culture de la manière suivante: Une charrue
creuse un sillon aussi profond que possible, des

ouvriers se tiennent sur les bords de la raie ; à mesure qu'elle s'ouvre, ils descendent dedans, et là, munis de pioches et de pelles, ils bêchent le fond et en jettent la terre sur la partie labourée. On peut ainsi atteindre une profondeur de 0 m. 40. Seize ouvriers sont nécessaires par charrue, et l'étendue défoncée par jour est de 20 ares environ. La même opération s'exécute en faisant passer à la suite l'une de l'autre deux charrues dans la même raie.

Le sous-solage s'exécute à la main ou au moyen d'instruments. Pour l'exécuter à la main on s'y prend de la même manière que dans le cas précédent, avec cette différence que les ouvriers, au lieu de jeter la terre du fond de la raie sur la partie labourée, se bornent à la bêcher. Dans ce cas, le nombre d'ouvriers nécessaires pour suivre une charrue est moins considérable. On procède au sous-solage par les instruments en faisant suivre une première charrue d'une seconde, à laquelle on a enlevé le versoir. Les charrues Dombasle conviennent parfaitement. Enfin, on exécute encore l'opération d'une manière plus parfaite avec une défonceuse marchant à la suite d'une charrue.

On doit procéder à l'accroissement de la couche arable avec prudence. Cette amélioration foncière, excellente en elle-même, peut, si on opère inconsidérément, être une source de déceptions et de revers. Les labours profonds, les défoncements, dans une terre qui n'a pas été soumise à ces opérations, doivent être précédés de quelques années par des sous-solages, dans lesquels la profondeur de la raie tracée par la charrue, dépassera au plus de 0 m. 03 à 0 m. 04 celle des labours précédents. Le sous-sol remué et ameubli, s'aère et s'imprègne des principes fertilisants ; en un mot, s'améliore, et dans la suite, son mélange avec le sol n'a plus l'inconvénient d'y apporter une terre vierge et infertile.

22me LEÇON.

Façons culturales (Suite).

Hersage. — L'opération qui succède ordinairement au labour est le hersage. On herse, à l'effet de compléter l'action de la charrue, dans l'ameublissement du sol, pour déraciner les herbes ou enfouir les semences et les engrais pulvérulents.

Lorsque le hersage est donné dans le but d'ameublir et de pulvériser le sol, on herse tantôt en travers, autrement dit, perpendiculairement aux sillons ; enfin, quelquefois dans les deux sens, c'est alors le hersage *croisé*.

Le hersage en long est le moins énergique, il ne suffit que dans les terres légères. Le hersage en travers est plus énergique ; enfin celui qui agit avec le plus d'intensité, est le hersage croisé.

L'état d'humidité ou de sécheresse de la terre est à considérer dans le hersage ; il influe beaucoup sur l'action de la herse, surtout dans les sols argileux Si la terre est trop humide, les mottes cèdent et ne se pulvérisent pas ; si elle est trop séche, elles résistent et restent intactes. Avec un peu d'habitude, il est facile de saisir cet état intermédiaire d'humidité et de sécheresse qui est le plus favorable au fonctionnement de la herse.

Lorsque la herse fonctionne dans un terrain humide, qui a reçu du fumier pailleux, qui est infesté d'herbes, elle est exposée à s'engorger et à tracer des traînées. Cet inconvénient, le conducteur l'évite en soulevant de temps en temps l'instrument, au moyen d'une corde ou d'un lien en bois attaché à l'angle de la herse, opposé à celui près duquel elle est attelée.

Pour en finir avec les hersages, disons que l'on herse aussi en décrochant, autrement dit, en sens inverse de l'obliquité des dents, lorsque l'on veut un hersage peu profond, lorsqu'on ne veut pas ramener à la surface des herbes ou des mottes recouvertes par la charrue.

Roulage. — Les roulages sont de deux sortes: les uns tassent le sol, les autres l'ameublissent. Les premiers se donnent dans les terrains légers, sur les plantes qui ont été soulevées par les gelées ; après l'ensemencement, pour affermir le sol et y conserver l'humidité. Enfin on roule pour aplanir le sol lors des semailles de céréales et de plantes fourragères, en vue de faciliter l'action de la faux. Le roulage, dans ces différentes circonstances, s'exécute avec des rouleaux légers en bois et à surface unie.

C'est surtout dans les terres argileuses, fortes et tenaces, que se donnent les roulages pour ameublir les sols. Rien de plus convenable pour arriver à ce résultat que l'emploi successif de la herse et du rouleau. Ces roulages s'exécutent avec des rouleaux pesants, à la surface dentée ou cannelée.

Binage. — Les binages ont pour but la destruction des mauvaises herbes et l'ameublement superficiel du sol.

L'ameublement du sol a pour conséquence d'y conserver l'humidité ; c'est un fait bien connu des cultivateurs, qu'un champ souvent biné souffre moins de la sécheresse que celui qui l'est rarement. L'explication de ce fait exigerait de trop longs développements pour trouver sa place ici.

Les binages s'exécutent à la main ou à la houe à cheval. Les binages à la main, s'ils ont l'avantage de pouvoir se donner à toutes les plantes, quelle que soit leur disposition, ont aussi le grand inconvénient d'exiger une main-d'œuvre excessive. C'est ce qui doit leur faire toujours préférer les binages, tout aussi parfaits, de la houe à cheval. Le binage à la houe à cheval ne peut se donner qu'aux plantes disposées en lignes. Pour les houes à cheval ordinaires, les lignes doivent être espacées au moins de 0 m. 50 et au plus de 0 m. 80. Le binage à la houe est complété par un binage à la main, qui ameublit la terre et enlève les herbes dans les lignes. Ce binage complémentaire n'exige pas plus de trois à quatre journées par hectare, La houe est traînée par un cheval ou deux bœufs, attelés à un joug assez long pour qu'ils passent entre les lignes. Un homme suffit pour la diriger. Toutefois, si les animaux ne sont pas dressés à ce genre de travail, ou si les lignes ne sont pas apparentes, un second ouvrier, qui peut être un enfant, est nécessaire pour les guider. Le travail journalier d'une houe avec un cheval varie de 1 hectare 50 à 2 hectares, suivant l'espacement des lignes.

Il est à recommander pour tous les binages, mais surtout ceux avec la houe à cheval, de ne pas attendre que la terre se soit durcie et les herbes développées ; à ce moment, les plantes cultivées ont déjà souffert, et la houe s'engorgeant, fonctionne mal. Il faut éviter aussi de biner des champs humides.

Buttage. — Le buttage consiste à accumuler une certaine quantité de terre meuble au pied des plantes, telles que la pomme de terre, le rutabaga, le maïs, etc. ; il s'exécute, soit à la main, soit à l'aide d'instruments déjà décrits sous le nom de *buteurs* ou *buttoirs*. Le buttage à la main est le seul possible pour les plantes semées à la volée.

Le buttage ne peut être exécuté à l'aide d'instruments que dans les cultures en lignes et avec un espacement minimum de 0 m 50. Cette façon est tout aussi parfaite, exécutée avec un buttoir, qu'à la main, lorsqu'elle s'opère dans un terrain ameubli. Si le terrain n'était tel, le buttage devrait être précédé d'un binage. Il faut éviter également de butter une terre détrempée. Pour certaines plantes, il est donné plusieurs buttages ; alors le premier est superficiel, et on augmente la profondeur pour chacun de ceux qui suivent.

Le buttoir exige, pour fonctionner, un ou deux chevaux, selon la ténacité du sol et la profondeur du buttage. Avec des chevaux dressés à ce genre de travail, un seul ouvrier suffit ; s'il en était autrement, un second ouvrier serait necessaire pour les conduire. La surface buttée, en un jour, varie de 1 hectare 50 à 2 hectares, suivant l'écartement des lignes.

Défrichements. — Le défrichement a pour but de rendre à la culture, soit un terrain qui a été distrait momentanément, soit un terrain inculte de tout temps.

Le défrichement s'exécute à la main ou à la charrue. Les premiers sont peu en usage à cause de leur prix élevé ; pour ce motif, il ne sera question ici que des seconds.

Deux sortes de terrains se défrichent ordinairement : les landes et les prés. Pour les landes, le sol, avant d'être livré à la charrue, est débarrassé des genêts, bruyères, ajoncs et autres broussailles. Cette opération préalable terminée, au printemps ou dans le courant de l'hiver, un premier labour de 0 m. 10 de profondeur et 0 m. 25 de largeur est donné ; ce labour est convenablement exécuté, lorsque la bande de terre est complètement renversée. Dans les landes de bonne nature qui ne sont couvertes que de bruyère courte et peu fournie, on peut, dès le mois de juillet ou d'août, herser énergiquement, puis, en septembre, semer du seigle avec 5 à 6 hectolitres de noir de raffinerie ou 5 à 600 kilos de phosphates fossiles, sur un seul coup de herse ou de scarificateur qui recouvre le tout. L'année suivante, on laboure et on ensemence d'avoine ou de colza avec une nouvelle quantité de noir ou de phosphate, et on continue, comme il va être dit plus loin, par le chaulage et les plantes sarclées.

Dans les landes de moindre qualité et enchevêtrées de racines de toutes sortes, la terre reste sur ce premier labour un an environ ; vers le mois de février ou de mars de l'année suivante, elle est labourée en travers et hersée vigoureusement une ou deux fois. Un mois ou deux après, on donne un 3e labour perpendiculaire au dernier ; la terre est encore hersée, et au mois de mai ou de juin, on sème du sarrazin avec 4 à 5 hectolitres de noir ou de tout autre engrais à base de phosphate. Au sarrazin succède du seigle, de l'avoine ou du colza avec même quantité de noir ; après ces récoltes viennent des plantes racines ou fourragères fumées, comme choux, rutabagas, pommes de terre. Si les landes ne sont pas calcaires, le chaulage est appliqué dès la troisième récolte, afin de permettre la culture du trèfle. Lorsque les landes ne sont restées que peu de temps incultes, on se borne à un alentour au printemps, et pendant l'été à une préparation suffisante pour recevoir une céréale d'automne.

Le cultivateur ne doit procéder au défrichement de ses prairies qu'avec la plus grande réserve. Il ne se résoudra à cette extrémité que dans le cas où par le fumier et l'irrigation, lorsqu'elle est possible, il n'a pu les amener à une fertilité suffisante ni parvenir à détruire les mauvaises herbes qui les envahissent, comme ajoncs bruyères, etc.

Le défrichement des prairies comprend un premier labour à bande renversée, puis un nombre plus ou moins grand de labours ordinaires et de hersages. Cette opération s'entreprend immédiatement après la première coupe de foin, pour avoir à l'automne des récoltes d'hiver, comme de l'avoine, du colza, etc. Elle s'entreprend encore pendant l'hiver, et le sol reçoit au printemps des récoltes s'accommodant des terrains neufs, comme les pommes de terre, les choux, etc.

Ecobuage. — Mode de défrichement qui doit être exclusivement réservé aux terrains tourbeux ; il consiste à lever la surface du champ en mottes, qui, une fois desséchées, sont disposées en petits fourneaux auxquels on met le feu. La calcination achevée, les cendres sont épandues, puis on sème.

23me LEÇON.

Plantes sarclées.

On donne ce nom à des plantes qui, disposées en lignes, reçoivent pendant leur végétation des façons connues sous le nom de *binages* et de *sarclages* ; telles sont : la pomme de terre, la betterave, la carotte, le rutabaga, le chou, le navet, le topinambour.

La culture des récoltes sarclées présente des avantages nombreux et importants au point de vue de l'ameublissement du sol et de sa préparation ; il n'est pas de récoltes qui leur soient comparables ; elles permettent mieux que toute autre de donner à la terre un grand nombre de façons. N'occupant le sol qu'à partir du printemps, pendant tout l'automne et tout l'hiver, les labours, les hersages peuvent être donnés en grand nombre, et la terre reste, durant ce temps, exposée à toutes les influences ameublissantes et fertilisantes des froids, des gelées et des neiges. Au printemps, ce sont de nouveaux hersages et de nouveaux labours. Arrive, enfin, la plantation ou le semis Mais là ne s'arrêtent pas les travaux d'ameublissement. Les binages et les sarclages viennent à leur tour ameublir et nettoyer le sol; car pour réussir, les plantes sarclées exigent que, pendant tout le cours de leur végétation, le sol soit tenu constamment meuble et exempt do mauvaises herbes.

Que se passe-t-il, au contraire, dans une culture exclusivement composée de céréales et où elles se succèdent à elles-mêmes? A peine s'écoule-t-il quelques mois entre la récolte d'une céréale et l'ensemencement de celle qui lui succède. Les façons que peut recevoir la terre sont en petit nombre ; les labours d'hiver, si efficaces à l'ameublissement du sol, ne sont pas possibles ; la céréale, une fois semée, ne reçoit jusqu'à sa récolte que des façons insignifiantes ; on pourrait objecter que la jachère, qui consiste à laisser la terre une année sans récolte tout en lui donnant des façons, procurera au sol un ameublissement tout aussi parfait et sans l'épuiser. Il est vrai qu'une jachère bien soignée laisse le sol dans un état d'ameublissement complet. Mais la rente de la terre pendant une année, les façons données pendant le même espace de temps, resteront à la charge des récoltes suivantes et grèveront d'autant leurs produits. Il n'en est pas ainsi des plantes sarclées; elles paient largement et le loyer du sol et les façons qu'elles exigent.

Quant à l'épuisement du sol, il est plus apparent que réel ; les récoltes sarclées, en s'accommodant du fumier frais et pailleux, et par leurs semis et plantations qui se font à différentes époques, ne permettent-elles pas d'employer le fumier à sa sortie de l'étable, avant qu'il ait subi les pertes auxquelles il est exposé en tas presque toujours mal soignés ? D'ailleurs, ne retournent-elles pas au sol, sous forme de fumier, après avoir fourni de la viande, du lait et autres produits animaux ? Et ce n'est pas un de leurs moindres avantages que celui d'augmenter la masse des fumiers et d'accroître ainsi les produits de l'exploitation tout entière.

En intercalant dans les assolements les plantes sarclées, on multiplie le nombre des cultures et on répartit ainsi sur un plus grand nombre de produits les chances fâcheuses. L'excès d'humidité ou de sécheresse nuisant aux uns, sera favorable aux autres ; et, en résultat final, une année qui serait désastreuse pour une culture peu variée, pourra être bonne pour une culture à produits multiples.

Au point de vue de la répartition du travail, la culture des plantes sarclées n'est pas sans avantages ; les travaux se trouvent, non pas accumulés à deux ou trois époques de l'année, mais bien distribués sur toutes uniformément. L'ouvrier ne passe pas subitement et par saccades, comme cela arrive fréquemment, d'un travail forcé à un travail nonchalant.

Considérons maintenant les ressources qu'offrent les récoltes sarclées, sous le rapport de l'alimentation du bétail. Grâce à elles, les animaux reçoivent pendant tout l'hiver une alimentation verte ; ils ne sont plus condamnés à la nourriture sèche pendant des mois entiers. Les vaches laitières donnent plus de lait, les jeunes animaux se développent plus rapidement, les adultes se portent mieux, et tous échappent à ces souffrances et à ces privations, dont ils ne se relèvent que difficilement et quelquefois jamais.

On fait aux récoltes sarclées le reproche d'exiger beaucoup de main-d'œuvre Le reproche n'est pas fondé ; les façons peuvent être données rapidement et économiquement par la houe à cheval et le butteur.

24ᵐᵉ LEÇON.

Plantes sarclées (Suite).

Pommes de terre. — L'importance de la pomme de terre, au point de vue de l'alimentation de l'homme et de celle des animaux, est assez connue pour qu'il n'y ait pas lieu de la faire ressortir. Cette importance n'est cependant plus la même depuis l'apparition de la maladie, qui frappe depuis quelques années ce précieux tubercule.

Les variétés de pommes de terre se comptent par centaines (300 environ). Elles se répartissent en trois grandes sections, qui sont :

1° Les *patraques* ou *rondes*, tubercules généralement arrondis, offrant des yeux nombreux et apparents.

2° Les *parmentières* ou *cylindriques aplaties*, tubercules allongés, aplatis, munis d'yeux peu nombreux et peu apparents.

3° Les *vitelottes* ou *cylindriques allongées*, tubercules allongés, cylindriques, offrant des yeux très-nombreux et très-apparents, enchâssés dans une cavité profonde.

Les terrains fortement argileux, les sols humides à l'excès ou peu profonds, sont seuls impropres à la culture des pommes de terre. La terre par excellence de ce tubercule est un sol de consistance et d'humidité moyennes, et si le calcaire s'y mêle, la pomme de terre devient farineuse et de bon goût.

A la pomme de terre convient le fumier d'étables frais et pailleux, excepté dans les terrains très-légers, où il doit être mis décomposé. La pomme de terre ne peut être trop abondamment fumée. Les prairies naturelles et artificielles nouvellement défrichées donnent d'abondants produits. Le précédent le plus habituel des pommes de terre sont les céréales.

La pomme de terre demande une préparation du sol soignée. Elle comprendra au moins un labour profond avant l'hiver, un second donné aussitôt après les froids, un troisième au moment des semailles.

La plantation se fait aussitôt que les gelées ne sont plus à craindre. Elle s'exécute à la charrue. Le tubercule ou fragment de tubercule n'est pas déposé au fond de la raie, dans la crainte de le voir écrasé ou déplacé par les animaux, mais bien sur le revers de la bande renversée. L'espacement des lignes le plus convenable est de 60 à 70 centimètres, espacement que l'on obtient en ne semant que toutes les deux ou trois raies, suivant leur largeur. La distance dans les lignes est de 0^m 33 environ, ce qui donne 50,000 pieds à l'hectare.

La quantité de semence par hectare varie de 15 à 25 hectolitres. Lorsque les tubercules ont une certaine grosseur, ils sont coupés. A la rigueur, il suffirait que chaque morceau n'eût qu'un œil, mais ce serait s'exposer à voir manquer la récolte. D'ailleurs, des expériences nombreuses ont démontré que le produit était en raison du volume des tubercules semés, et qu'il était d'autant plus faible qu'ils étaient plus divisés.

Un fort hersage croisé, donné aux pommes de terre à leur sortie de terre, une terre ténue, nette et ameublie par des binages à la houe à cheval, enfin, un buttage à la floraison : telles sont les façons d'entretien de la pomme de terre.

Dans le courant d'août et de septembre, selon les variétés, les tiges jaunissent et se fanent, c'est l'indice de la maturité ; il faut arracher. Cette opération s'exécute à la main ou au buttoir. Avec cet instrument, on passe au milieu des lignes occupées par les pommes de terre. La récolte doit se faire par un beau temps, et on doit laisser les tubercules se ressuyer sur le sol avant de les rentrer.

La pomme de terre se conserve dans les celliers, caves ou tout autre lieu à l'abri de la gelée. Disons un mot de ces derniers. Ils consistent en une fosse de 0^m 30 de profondeur et de 1^m 50 de large, creusée en un endroit élevé et dans un sol sain. On commence par emplir cette fosse de pommes de terre, et on continue à les entasser jusqu'à 0^m 80 de hauteur, en donnant au tas la forme d'un dos d'âne; on couvre les tubercules placés hors de terre de 8 à 10 centimètres de paille, puis de la terre qui a été retirée de la fosse, en ayant soin de la battre à la pelle. Le silo est ensuite entouré d'un petit fossé plus bas que son fond, destiné à l'écoulement des eaux. Tous les quatre mètres environ, sont établis des soupiraux ou cheminées, servant à renouveler l'air intérieur. Ces soupiraux sont économiquement établis au moyen de deux tuiles creuses dressées verticalement l'une contre l'autre, et dont la base repose sur la masse des racines. A l'arrivée des gelées, on fermera ces soupiraux en y introduisant de la paille.

Le produit des pommes de terre a diminué dans de larges proportions depuis 1845, époque de l'invasion de la maladie, par suite de la substitution des variétés hâtives ou tardives. Le produit moyen d'un hectare, qui pouvait être alors évalué à 270 hectolitres, ne l'est plus qu'à 180.

Les maladies qui attaquent le plus généralement, et de la manière la plus grave, la pomme de terre, sont: *la frisolée* et *la maladie actuelle*. La pomme de terre est atteinte de la frisolée lorsque les feuilles se rendent et se recoquillent; cette affection empêche les tubercules de se développer; on ne connaît pas de remède; il en est de même de celle bien autrement grave qui s'attaque à la pomme de terre depuis quelques années; on a seulement remarqué que les variétés hâtives y étaient moins exposées que les tardives.

7*

25ᵐᵉ LEÇON.

Plantes sarclées (Suite).

Betterave. — On compte un grand nombre de variétés de betterave, qui se rangent en deux grandes catégories, dont l'une comprend les variétés à sucre, dites aussi *Silésie*, et l'autre les variétés fourragères, également connues sous le nom de *disettes*. Les variétés fourragères se distinguent des variétés à sucre par leur végétation en dehors de terre et des produits plus abondants et plus nourrissants.

Les variétés les plus estimées sont : pour la fabrication du sucre, la *betterave blanche de Silésie*, et pour l'alimentation des animaux, la *globe jaune* et la jaune des barres.

Le terrain qui convient à la betterave est un terrain argileux, plutôt tenace que léger. Sous le rapport de la fertilité, la betterave, sans être très-exigeante, présente d'autant plus d'avantages, que le sol est plus substantiel et fortement fumé.

La préparation du sol doit être aussi soignée que possible. On le labourera, on le défoncera même avant l'hiver. Le fumier, s'il est frais et pailleux, sera enfoui quelques mois avant la plantation ou le semis. Les cendres et les charrées, qui conviennent si bien aux betteraves, ne sont appliquées qu'au dernier labour.

Les betteraves se sèment en place ou se transplantent. Les semis donnent les meilleurs résultats par les années sèches, et la transplantation par les années humides. Comme il n'est pas possible de le prévoir, il n'est pas d'autre moyen de s'assurer une récolte moyenne que de semer la moitié de ses betteraves et de transplanter l'autre.

Les semis sur place se font aussitôt que les gelées ne sont plus à craindre, en lignes écartées de 0 m. 60 à 0 m. 65, avec un espacement entre chaque graine de 0 m. 40. Chaque graine de betterave contient plusieurs germes et donne lieu à autant de plants ; aussi, dès que la grosseur des betteraves le permet, doivent-elles être éclaircies de manière à ne laisser qu'un plant par 0 m. 40. La quantité de graines, par hectare, varie entre 5 et 6 kilos.

Les betteraves qui doivent être transplantées sont semées en pépinières, aussitôt que les gelées ne sont plus à redouter. Les pépinières doivent être établies sur un terrain riche, substantiel et bien préparé. Dix ares de pépinière, dont les lignes sont espacées de 0 m. 10 à 0 m 15 et convenablement garnies, fournissent le plant nécessaire à un hectare. Les plans arrivés à la grosseur du petit doigt sont bons à transplanter ; mais, avant, ils subissent une préparation portant le nom d'habillage, qui consiste à couper l'extrémité des racines et à rogner les grandes feuilles à 6 ou 8 centimètres du collet. L'espacement des plants est le même que celui indiqué pour le semis, il donne 42,000 plants par hectare. Jusqu'à l'époque de l'arrachage, il ne reste plus qu'à tenir le terrain constamment ameubli et propre par des binages. L'arrachage des betteraves se fait dans le courant d'octobre: il s'exécute à la main. L'arrachage à la charrue a été préconisé, il est vrai; mais il est rare qu'il se fasse sans qu'un certain nombre de racines ne soient blessées, et celles que la charrue a atteintes deviennent d'une conservation difficile. Aussitôt après l'arrachage, les betteraves sont décolletées. Cette opération consiste à couper les feuilles avec une serpe, une faucille ou encore mieux à les arracher en les tordant. Les feuilles de betteraves constituent un fourrage de peu de valeur, et sont le plus souvent abandonnées sur le sol, pour servir d'engrais. C'est assez dire que l'effeuillaison durant le développement de la plante est une pratique vicieuse, parce que l'on ne retire qu'un aliment peu nutritif, et le rendement en est de beaucoup diminué. Les betteraves se conservent ordinairement dans les caves, les celliers, les silos et à l'intérieur des meules de paille.

Le rendement de la betterave varie dans de grandes limites avec la fertilité du sol. Sur les sols d'une fertilité suffisante pour produire 15 à 18 hectolitres de blé à l'hectare, on peut, à l'aide d'une culture soignée, obtenir 25,000 kilos de betteraves; mais sur des sols d'une très-haute fertilité, on obtient fréquemment 50, 60 et même 100,000 kilos à l'hectare.

Tout le monde sait que la betterave constitue une excellente nourriture pour tous les animaux, les chevaux exceptés, à la condition qu'elle leur soit donnée avant de boire. Il en est du reste ainsi de toutes les plantes sarclées, qu'il faut toujours donner aux animaux avant qu'ils aient bu et non après.

26me LEÇON.

Plantes sarclées (Suite).

Carottes. — La carotte est pour les animaux un aliment supérieur à la betterave; elle convient à tous et est très-appétée par eux. Mais le grave inconvénient de cette culture est d'exiger une main-d'œuvre excessive, les premiers binages ne pouvant être exécutés qu'à la main et avec le plus grand soin.

On connaît un certain nombre de variétés de carottes. Celle qui se recommande le plus, par sa rusticité et l'abondance de ses produits, est la *carotte blanche à collet vert.*

A la carotte il faut un terrain léger, profond, riche et ne contenant pas de pierres, qui font bifurquer les racines, en rendent l'arrachage difficile. Il faut encore que le terrain soit parfaitement ameubli et défoncé par de profonds labours d'hiver. L'engrais de prédilection de la carotte est le fumier d'étable; s'il est frais et pailleux, il est de toute nécessité qu'il soit enfoui plusieurs mois à l'avance. S'il est décomposé, son enfouissement peut avoir lieu en même temps que le semis. Le semis est seul en usage dans la culture de la carotte. Il se fait au printemps, dès que les gelées sont passées, en lignes espacées de 0 m. 50. Quantité de graine par hectare: 3 à 4 kilos.

Les soins d'entretien de la carotte commencent dès sa sortie de terre. La graine de carotte est une de celles qui mettent le plus de temps à lever, et lorsque la jeune plante apparaît, le sol est couvert d'herbes, qu'il faut s'empresser d'enlever. Ce premier binage ne peut se faire qu'à la main. C'est un travail des plus minutieux et qui demande le plus de temps. Il ne reste plus qu'à éclaircir successivement les plants, jusqu'à ce qu'ils se trouvent distants de 0 m. 15 environ, puis à tenir le sol ameubli et exempt de mauvaises herbes, par des binages qui se donnent à la houe à cheval, dès que les lignes sont apparentes.

A l'approche des gelées, les carottes sont arrachées et conservées comme les betteraves. Les feuilles, qui constituent un excellent fourrage, sont données aux animaux. Le rendement, dans de bonnes conditions de culture et de terrain, oscille entre 20 et 40,000 kilos à l'hectare.

Rutabaga (*navet de Suède*). — Le rutabaga est la racine par excellence des landes nouvellement défrichées. Beaucoup moins exigeant que la carotte et la betterave, il réussit dans les terrains légers, fortement chargés de détritus organiques et peu profonds; il n'est pas plus exigeant, au point de vue de la fertilité que de la nature du sol, et là où ne viendraient que de pauvres et chétives récoltes de betteraves et de carottes, insuffisantes à payer les frais occasionnés par elles, celles du rutabaga sont assez abondantes pour couvrir et au-delà le cultivateur de ses avances.

Les variétés de rubatagas sont peu nombreuses. La meilleure est le rutabaga à chair jaune et à collet violet.

Le rutabaga se transplante le plus souvent, et cette opération est entourée des mêmes soins que pour la betterrve. Ajoutons qu'il en est de même pour la fumure et la préparation du sol. La quantité de graines pour les plants nécessaires à un hectare est de 1 kil. Les soins d'entretien sont les mêmes que pour la betterave, sauf un buttage en septembre. Le rutabaga craint peu les gelées, souvent il passe l'hiver en terre; cependant, il est prudent de l'arracher, d'autant plus qu'il est de conservation facile. Le rendement, dans de bonnes conditions, atteint 50 à 60,000 kilos. Tous les animaux, sauf les chevaux, accueillent le rutabaga avec plaisir. Sa valeur nutritive égale et surpasse même, d'après quelques agriculteurs, celle de la betterave.

27me LEÇON.

Plantes sarclées (Suite).

Chou. — Le chou est une des plantes sarclées les plus importantes, au point de vue de son rendement et de l'époque à laquelle il donne ses produits ; c'est, en effet, à l'automne et au printemps, saisons où les fourrages verts sont rares, que les choux sont en pleine récolte. Le seul reproche que mérite cette culture, est d'exiger, pour la récolte des feuilles, une main-d'œuvre excessive.

Les variétés de chou généralement cultivées et qui sont le plus à recommander, sont :

1° Le *chou cavalier* (dit aussi *chou chèvre*, chou à *vache*, chou en *arbre*). Cette variété, moins productive que le chou branchu, passe pour être plus rustique.

2° Chou *branchu*. — Ce chou est non seulement garni de feuilles sur sa tige, mais à l'aisselle de chaque feuille se développent des branches et des faisceaux de feuilles : de là sa grande production foliacée.

3° Chou *moëllier*. — Cette variété diffère des autres par le renflement de sa tige. Le grand avantage de ce chou est de fournir par sa tige un fourrage abondant et recherché par les animaux, lorsqu'elle a été fendue en lanières. Il est prudent de récolter les choux moëlliers avant l'hiver, auquel ils résistent rarement. Pour cette cause, la culture des choux moëlliers est assez restreinte.

Une terre argileuse, forte, substantielle, profonde et fraîche, sans être trop humide : telle est la terre qui convient aux choux ; leur conviennent aussi parfaitement les prairies et les terrains nouvellement défrichés, les marais et les étangs récemment desséchés.

L'engrais le plus propre à la culture des choux est le fumier sortant de l'étable. Les choux exigent une fumure abondante. La préparation du sol est la même que pour la betterave.

Les choux ne se cultivent que par transplantation ; elle s'exécute au plantoir, à la charrue ou à la bêche. La distance à observer entre les lignes est de 0 m. 70 à 1 m , suivant la fertilité du sol ; elle est la même entre les plants dans les lignes. La transplantation commence en juin pour se continuer jusqu'à fin juillet. On transplante également aux mois de novembre et de décembre des choux qui donnent en juin et juillet, mais comme leurs produits ne sont jamais très-abondants, cette culture est très-restreinte. Les choux plantés en juin commencent à être effeuillés fin d'août ou commencement de septembre. L'effeuillage se continue jusqu'aux gelées; alors il est interrompu pour être repris au printemps et continué jusqu'à leur floraison, époque à laquelle ils sont coupés et consommés par les animaux. Les choux, transplantés fin juillet, donnent plus tardivement, mais montent moins vite au printemps. L'effeuillage doit se faire avec la précaution de laisser adhérente au tronc une partie du pétiole de la feuille.

Les soins d'entretien comprennent un ou deux binages et un buttage, donnés en août ou en septembre, selon le plus ou moins grand développement des choux.

De tous les animaux, aux chevaux seuls les choux ne conviennent pas. Comme valeur nutritive, on admet que 500 kil. de choux remplacent 100 kilos de foin, et, à ce point de vue, ils seraient inférieurs aux plantes sarclées jusqu'ici passées en revue.

Un hectare de choux, dans de bonnes conditions, peut produire jusqu'à 120,000 kilos de feuilles et de tiges. Mais on ne peut guère compter en moyenne que sur 50 à 60,000 kilos.

Rave et navet. — La rave et le navet sont deux racines que l'on confond fréquemment. Cependant, la rave se distingue du navet par sa forme moins allongée et ses feuilles plus velues. Leur culture est d'ailleurs la même, et ce que nous dirons du navet s'applique à la rave, et réciproquement. Les variétés les plus estimées , en grande culture, sont, en fait de raves, la rave du Limousin ou turneps, celle d'Auvergne et celle, plus tardive, du Norfolk. En fait de navets, le navet d'Alsace et le navet rose du Palatinat.

Les navets et les raves aiment une terre légère, argilo-siliceuse, et réussissent mal dans les terrains trop argileux ou trop calcaires. Ils se cultivent en récolte principale ou en récolte dérobée. En récolte principale, le sol est préparé comme pour les autres plantes sarclées, et fortement fumé. Le fumier d'étable seul convient très-bien, mais il produit encore de meilleurs effets employé simultanément avec des engrais, tels que la poudre d'os, le phospho-guano, le superphosphate. Dans les terres fortement fumées les années antérieures, ils peuvent même le remplacer complètement. On se fait difficilement une idée des effets des engrais phosphatés sur les raves et les navets. Les navets se sèment à la volée ou en lignes espacées de 0 m. 60. L'époque est fin de juillet ou commencement d'août, par un temps pluvieux et une terre humide. La quantité de graine, par hectare, est de 2 kil. 1/2 pour les semis en lignes, et de 4 kilos pour ceux à la volée. La graine s'enfouit par un léger coup de herse. Durant l'été, les navets en lignes sont éclaircis jusqu'à ce qu'ils soient à 0 m. 30 les uns des autres, et binés 2 ou 3 fois. Pour les navets semés à la volée, on se borne à les herser à une ou deux reprises. Le premier hersage se donne lorsqu'ils ont 4 à 5 feuilles. Le second, 10 à 15 jours après. Les navets en récolte dérobée se sèment sur chaume, après céréales. Aussitôt la récolte enlevée, on donne un léger labour et on ensemence. Ordinairement, on ne fume pas ; ce serait cependant le cas d'user des engrais phosphatés. Comme soins d'entretien, on se contente le plus souvent de herser une ou deux fois.

L'altise ou puce de terre est l'ennemi le plus redoutable des navets. Certaines années, des champs entiers sont dévorés. Les ravages de l'altise commencent dès que les navets sortent de terre, et ne cessent que lorsqu'ils ont poussé leur troisième feuille. Il n'est aucun moyen pratique de détruire l'altise. Une fumure abondante, en activant la végétation des navets, peut seule leur donner la force de se défendre contre leur ennemi.

A l'approche des froids, en novembre , les navets sont arrachés, décolletés et conservés en tas sous une épaisse couche de paille. Quels que soient les soins que l'on prenne, leur conservation est peu assurée ; aussi les navets sont-ils les premières racines à faire consommer. En récolte principale, leur rendement atteint 40 et 50,000 kilos à l'hectare. En récolte dérobée, il ne dépasse guère 30,000 kilos. Excellente nourriture pour tous les autres animaux, ils ne se donnent pas aux chevaux.

28me LEÇON.

Plantes sarclées (Suite).

Topinambour. — La culture du topinambour n'occupe pas, dans les assolements, le rang que lui assignent ses nombreux avantages. En effet, le topinambour donne des produits abondants dans des terrains médiocres, n'épuise pas la terre, se perpétue pendant un grand nombre d'années sur le même sol, en exigeant peu de culture. La gelée est sans effet sur lui, et on peut laisser les tubercules en terre et ne les arracher qu'à mesure des besoins ; on ne connaît ni insectes, ni maladie dont il ait à craindre les ravages ; enfin il est une excellente nourriture pour tous les animaux. Avec de tels avantages, on ne peut que s'étonner du peu d'extension de sa culture. On lui reproche, il est vrai, la difficulté que l'on éprouve à le détruire et en débarrasser le champ où il a été cultivé. Ce reproche n'est par fondé ; il suffit de faire succéder au topinambour un fourrage fauchable, des vesces, par exemple, ou une culture sarclée, pour que la destruction soit complète. Puis, ne peut-on pas, comme on le fait pour la luzerne, lui réserver un champ et en faire une culture à long terme ?

La seule variété de topinambour cultivée en grand est le topinambour commun, à tubercules rougeâtres ou blanc-rosé.

Tous les terrains qui ne sont pas trop humides, quelles que soient d'ailleurs leur nature et leur fertilité, sont susceptibles de produire le topinambour. Cependant, il est toujours avantageux de fumer, d'autant plus que le rendement croît dans de larges proportions à mesure que la fumure augmente.

Le sol destiné aux topinambours reçoit les mêmes façons que pour la pomme de terre. La plantation se fait de la même manière et à la même époque, avec cette différence que l'on doit se garder de couper les tubercules, et que la plantation peut se faire avant ou pendant l'hiver. Sept à huit hectolitres de petits tubercules suffisent pour la semence d'un hectare; en gros, cette quantité peut s'élever jusqu'à 15 et 20 hectolitres. L'espacement sur les lignes est de 0 m. 25 à 0 m. 30, et de 0 m. 50 à 0 m. 60 entre.

Dans le courant de la première année, les topinambours reçoivent, comme soin d'entretien, un hersage énergique à leur sortie de terre, puis un ou deux binages. S'ils ne doivent rester qu'un an dans le même champ, ils sont arrachés pendant l'hiver, et, au printemps, le champ est ensemencé en fourrages ou en plantes sarclées. Mais, le plus souvent et avec raison, les topinambours restent plusieurs années sur le même sol; alors, deux manières de procéder. La plus simple, qui n'est pas la plus parfaite, il est vrai, mais qui, en revanche, est la plus économique et suffit, est celle-ci: Pendant le courant de l'hiver, les topinambours sont arrachés. Au printemps, on donne un labour, comme s'il s'agissait de tout autre champ ; et, lorsque les topinambours sortent de terre, ils sont hersés vigoureusement à une ou deux reprises. En juillet, on éclaircit, et le produit de cet éclaircissage constitue un abondant fourrage vert que les animaux consomment très bien. C'est même le seul cas où l'on puisse faire consommer en vert les tiges sans nuire à l'accroissement des tubercules. Il n'en est pas de même à l'état sec, on peut couper les tiges, une fois passée fleur, avant qu'elles aient noirci par la gelée, les faire sécher et les donner aux moutons l'hiver. Dans certaines contrées, c'est leur seule nourriture durant la mauvaise saison. On continue ainsi les années suivantes, en ayant soin de fumer tous les deux ou trois ans. Le fumier est alors épandu avant le labour et recouvert par lui.

D'après le second mode de culture, l'arrachage est fait aussi complètement que possible. La terre, pendant le courant de l'hiver, reçoit un premier labour après l'arrachage. Au mois de février, on laboure de nouveau et on sème. Les topinambours se retrouvent ainsi en lignes ; ils reçoivent un hersage à leur sortie de terre, puis des binages dans le courant de l'été.

L'arrachage se fait soit à la main, soit à la charrue. Il est préférable de le faire à la main ; il y a moins de tubercules perdus, et cette opération, se faisant l'hiver, est peu coûteuse. Les topinambours sont arrachés au fur et à mesure des besoins, ils ne le sont à l'avance que dans la prévision de froids assez intenses pour en empêcher l'extraction. D'ailleurs, ce tubercule est un de ceux qui se conservent le mieux dans les silos et même en tas en plein air.

Quoique les feuilles et les tiges puissent être utilisées comme fourrage, les tubercules n'en sont pas moins le produit principal. Dans les terres d'excellente qualité, le rendement peut s'élever à 60,000 kilos, tandis qu'il descend à 8 et 10,000 kilos dans les sols pauvres. Les tubercules du topinambour constituent un excellent aliment pour tous les animaux et plus nourrissant que la pomme de terre. Aussi doit-il être administré, les premiers jours, avec prudence, de crainte d'indigestion. Certains animaux le refusent au premier abord, mais ils ne tardent pas à s'y accoutumer et même à en devenir friands Il se mange toujours crû.

29me LEÇON.

Fourrages légumineux.

Les trèfles, la luzerne, le sainfoin, les vesces, sont les principales plantes de celles connues sous cette dénomination. De toutes les plantes cultivées, elles sont, sans contredit, celles dont il importe le plus de voir s'étendre la culture, et par lesquelles se sont réalisés et se réaliseront encore les plus grands progrès en agriculture. Tout en donnant des produits précieux au point de vue de leur abondance et de leurs qualités, les fourrages légumineux améliorent le sol qui les porte, et, par un privilége à eux seuls réservé, cette amélioration est d'autant plus marquée que leur végétation a été plus vigoureuse. Cette amélioration tient à deux causes : la première, à ce qu'ils mettent à contribution, pour se nourrir et pour une large part, l'air ; la deuxième, à ce que leurs racines longues et pivotantes vont, dans les couches inférieures du sol, chercher les sucs que les eaux pluviales y ont entraînés et mis hors de la portée des autres récoltes. Ce dernier fait explique pourquoi le trèfle, la luzerne, le sainfoin ne peuvent revenir sur eux-mêmes qu'après une longue période de repos et d'interruption, pendant laquelle le sous-sol s'enrichit par les infiltrations pluviales.

Trèfle rouge. — Le trèfle rouge, dit aussi trèfle commun, trèfle de Hollande, est la seule variété cultivée en grand.

Les terrains calcaires, de ténacité moyenne, profonds, perméables, sont les terrains à trèfle par excellence. Cependant, il réussit aussi dans les sols privés de carbonate de chaux, placés dans les mêmes conditions de profondeur, de ténacité et de perméabilité, lorsqu'ils ont été chaulés ou marnés. Les terres légères, exposées à la sécheresse, comme celles qui sont sujettes au soulèvement, offrent peu de chances favorables à la culture du trèfle.

Il n'est peut-être pas de plantes qui, plus que le trèfle, demandent une terre propre et exempte d'herbes vivaces. Une plante sarclée doit, de toute nécessité, précéder la récolte dans laquelle le trèfle est semé. Si, dans les terres destinées au trèfle il reste des herbes parasites, elles paralysent son développement et ne tardent pas à l'envahir. Il y a alors diminution dans le rendement et la durée. Ses effets ne sont plus aussi les mêmes; le sol qui l'a porté, au lieu d'être net et amélioré, est épuisé et sali.

Le trèfle ne végète vigoureusement, et sa culture ne présente tous les avantages dont elle est susceptible, que dans une terre riche et fortement fumée. La fumure n'est jamais appliquée directement sur le trèfle, mais bien sur la plante-racine qui précède.

La première condition de réussite des semis

de trèfle est que la graine n'ait pas perdu sa
faculté germinative, condition que ne remplit pas
toujours la graine livrée par le commerce. La
couleur des semences de trèfle, même les meilleures, est très-variable. Ces graines sont : jaunâtres ou d'un jaune verdâtre, violet ou bien
d'un violet verdâtre, violet jaunâtre. Outre la
nuance claire, une bonne graine est brillante,
lourde et bien nourrie. Avec le temps, la graine
de trèfle devient brunâtre et se ternit. Il est des
moyens de rendre à cette graine son éclat et sa
couleur primitive ; aussi doit-on se méfier même
des graines qui présentent la plus belle apparence,
et est-il toujours prudent de faire l'essai des
graines achetées avant de les semer. Cet essai
se fait de la manière suivante: Au fond d'une
soucoupe, on met une rondelle de drap, humectée d'eau ; sur cette rondelle on dépose un certain nombre de graines qui sont ensuite recouvertes d'une autre rondelle de même dimension
et de même étoffe que la première, et, comme
elle, humectée d'eau. La soucoupe est placée
dans un endroit chaud, sur une cheminée, par
exemple. Peu de jours après, pendant lesquels
le seul soin a été de tenir les rondelles humec-
tées, les graines qui n'ont pas perdu leur faculté
germinative se développent. Si on a compté les
graines essayées, et si l'on compare ce nombre
avec celui des graines qui ont germé, il est facile
de déduire le rapport entre les bonnes et les
mauvaises graines. Peuvent ainsi s'essayer toutes les semences.

La quantité de graine de trèfle à semer, par
hectare, varie entre 15 et 20 kilos, auxquels on

ajoute 1/4 à 1/5e de ray-grass anglais, dans les terrains pauvres, et de ray-grass d'Italie, dans les sols riches. Cette association présente le triple avantage de garantir les animaux de la météorisation, d'augmenter le rendement, et enfin de rendre les tréflières plus propres à former des pâturages durables.

Le trèfle est toujours semé dans une récolte qui le protège pendant la première période de sa végétation. Les récoltes auxquelles il est d'usage de l'associer sont les céréales d'hiver et celles de printemps. Ces dernières sont à préférer, et, parmi elles, la baillarge et le sarrazin. Le trèfle est d'une réussite assurée, lorsqu'il est semé dans une de ces deux céréales, sur une terre qui a porté des plantes sarclées, fortement fumées. Pour le semer dans une céréale de printemps, on s'y prend ainsi : Dès que la herse a recouvert la céréale, la graine de trèfle est répandue à la volée et enterrée à son tour par une herse d'épines. Dans une céréale d'hiver, on procède à l'ensemencement de différentes manières. Tantôt la graine est semée sur la neige, circonstance que l'on considère comme très-favorable, et qui dispense du soin de la découvrir, tantôt elle est semée avant le râtelage ou le binage, que dans certaines contrées on est dans l'habitude de donner aux céréales d'hiver : elle est alors enterrée par ces façons ; d'autrefois, la graine, semée sur le hersage des céréales, au printemps, est recouverte par un coup de herse plus léger ; quelquefois, enfin, la graine de trèfle est semée sans être enterrée. Ce dernier mode de semaille est le plus défectueux.

Les soins d'entretien que réclame re trèfle, pendant toute sa durée, se résument à le fumer, dans les terrains qui ne l'ont pas été suffisamment, et à le plâtrer, dans ceux où le plâtrage réussit. Les engrais ordinairement employés sur le trèfle sont : le fumier d'étable, les cendres, les composts de chaux bien mûrs. Le fumier est employé frais ou décomposé. On conseille son emploi, dans le premier de ces deux états, sur les trèfles semés dans des terrains où ils souffrent des gelées ; le fumier est alors épandu au commencement de l'hiver, et les pailles sont enlevées au printemps. Dans les autres terrains, c'est au printemps que le fumier décomposé est appliqué aux tréflières. Les cendres, tant vives que lessivées, produisent les meilleurs effets sur les trèfles des terrains non calcaires. Elles s'épandent au printemps comme les composts.

Pour le plâtre, il a été indiqué, en traitant des engrais minéraux, les différentes conditions dans lesquelles il est employé avec succès. Une opération, à peu près inconnue en France, et qui donne, paraît-il, les meilleurs résultats sur les trèfles en terrains non calcaires, est le chaulage en couverture. La chaux, réduite en poussière, est épandue après l'enlèvement de la céréale, par un temps sec et calme.

Les premiers produits du trèfle arrivent environ un an après son ensemencement. Il fournit ordinairement, dans le courant de cette première année, deux coupes et un pâturage.

La première coupe se fait en mai ou juin. Il est temps de faucher, lorsque les boutons sont formés et que quelques-uns commencent à s'épanouir. Il y a toujours avantage à faucher de bonne heure : le foin est de meilleure qualité et la seconde coupe est plus assurée. Cette dernière est fauchée plus tardivement et lorsque toutes les fleurs sont épanouies. Le regain que produisent les trèfles qui ne sont pas défrichés après la deuxième coupe est rarement fauchable; il est ordinairement pâturé. Ajoutons qu'au point de vue de la conservation du trèfle, les seuls animaux auxquels il convient de le faire pâturer sont les bêtes à cornes.

Le fanage du trèfle demande des soins autres que celui du foin. Il ne doit pas être secoué et éparpillé comme ce dernier; il en résulterait une perte considérable de feuilles, qui se détacheraient de la tige et resteraient sur le sol. Un des meilleurs procédés du fanage du trèfle est celui-ci : Tout ce qui est fauché le matin est laissé en andains, tels que les a faits la faux. Vers midi ou une heure, on les retourne sans les éparpiller, seulement pour les ressuyer des deux côtés. Le lendemain matin, aussitôt que la chaleur du soleil a fait évaporer la rosée, ils sont mis en petits tas, que l'on a soin de soulever le plus possible, afin que la chaleur et le vent les pénètrent en tous sens ; puis on les retourne avec soin pendant quelques jours, jusqu'à ce qu'ils soient secs. La partie fauchée le soir n'est retournée que le lendemain, après la rosée. Le trèfle se conserve comme le foin.

Le trèfle est aussi consommé en vert; c'est à cet état qu'il occasionne, chez les animaux, l'accident connu sous le nom de *météorisation*. Les précautions à prendre pour prévenir cette maladie sont de mélanger du ray-grass au trèfle, lors de l'ensemencement, et d'éviter de donner du trefle flétri par le soleil ou échauffé en tas. Telles sont les indications à suivre lorsque le trèfle est consommé à l'étable ; lorsqu'il l'est sur place, il faut se garder d'envoyer les animaux à jeun alors que le trèfle est chargé de rosée.

La graine de trèfle se récolte sur la seconde coupe. On fauche lorsque les têtes ont pris une teinte brunâtre ; on laisse sécher, et on rentre. Le battage s'opère à la machine à battre ; il en est de même de l'égrenage, mais avec un batteur spécial. La graine est d'autant meilleure qu'elle a été récoltée sur un terrain plus sec et sur un trèfle moins vigoureux et net de mauvaises herbes. Le rendement d'un hectare, en graine, est essentiellement variable. On compte, en moyenne, 360 kilos ; mais quelquefois il s'élève jusqu'à 1,000 et 1,100 kilos.

Le trèfle peut durer plusieurs années ; mais, dans les cultures soignées, il est défriché au plus tard après la seconde coupe ; quelquefois, même, cette dernière est enfouie. En agissant ainsi, le trèfle peut revenir à de moins longs intervalles sur le même champ.

Le défrichement du trèfle d'un an se fait par un seul labour profond. La récolte qu'il convient de mettre sur un défrichement de trèfle est le blé. Pour que la réussite de cette céréale soit assurée, elle ne doit être semée que trois semaines ou un mois après le défrichement ; elle l'est sans autre labour, et recouverte par un coup de herse.

Le trèfle ne doit revenir que tous les six ans au plus sur le même champ. S'il revient plus souvent, la terre ne tarde pas à s'en fatiguer, et se refuse à le produire.

Le rendement d'un trèfle à deux coupes peut s'élever à 6 et 8,000 kilos de foin sec à l'hectare; mais il n'est guère, en moyenne, que de 3 à 4,000 kilos. La seconde coupe est généralement la moitié de la première. Comme valeur nutritive, le foin de trèfle est cité comme un des meilleurs fourrages,

---

30me LEÇON.

Fourrages légumineux (Suite).

Trèfle incarnat. — *Farouch.* — La variété commune, à fleurs rouges, est la seule variété de trèfle incarnat cultivée en grand. Le trèfle incarnat réussit dans tous les terrains à blé et à seigle, qui ne sont ni trop humides ni trop légers et qui ont été chaulés s'ils ne sont pas calcaires. A l'inverse des autres récoltes, il réussit d'autant mieux qu'il est semé sur un terrain dur et tassé. Il se sème le plus souvent après une céréale. Lorsque la terre est nette d'herbes traçantes, la graine est répandue sur le chaume, et recouverte par un coup de herse. Dans une terre enherbée, on donne un léger labour, on sème et on recouvre par un faible coup de herse. Quelquefois on sème sur le chaume ou sur le labour sans recouvrir.

Le trèfle incarnat doit toujours être semé par un temps pluvieux ; de cette circonstance dépend, en grande partie, la réussite. Les semis se font du commencement d'août au 15 septembre ; les plus précoces sont les plus assurés. La graine se sème mondée ou en bourre. Dans le premier état, elle est employée à raison de 20 à 25 kilos par hectare ; dans le second, à raison de 50 à 60 kilos ou 7 à 8 hectolitres.

Les seuls soins d'entretien consistent à veiller à l'écoulement des eaux dans les terrains humides. Le plâtre sur les terrains calcaires, et les cendres sur ceux qui ne le sont pas, produisent les meilleurs effets sur le trèfle incarnat.

Ce trèfle est exposé à être détruit par les limaces à l'automne ; de la chaux vive en poudre épandue sur la plante, ou un coup de rouleau donné le soir, sont les moyens connus pour les détruire.

C'est comme fourrage vert que le trèfle incarnat est consommé. Il se fauche à la fin d'avril ou au commencement de mai, dès que la floraison commence. Desséché, il constitue un fourrage de peu de valeur. Le trèfle incarnat ne donne qu'une coupe. Ce fourrage vert est précieux par sa précocité ; son introduction serait à désirer dans les fermes où il est inconnu. Le rendement du trèfle incarnat oscille entre 10, et 40,000 kilos par hectare ; il est estimé, en moyenne, de 18 à 20,000 kilos. La récolte de la graine se fait comme celle du trèfle rouge.

Sainfoin. — Deux variétés de sainfoin sont connues dans la grande culture : le sainfoin commun et le sainfoin à deux coupes. Ce dernier se distingue par ses feuilles plus larges, ses tiges plus grosses, et un produit plus abondant dans les bonnes terres

Les conditions de réussite du sainfoin sont que le terrain soit calcaire, qu'il ne soit ni tenace ni humide, et qu'il repose sur un sous-sol perméable. Au point de vue de la fertilité du sol, le sainfoin est bien la plante la moins exigeante. Que l'on jette de la graine de sainfoin sur une terre calcaire et perméable, il est rare qu'elle ne réussisse pas. Cependant, les produits sont toujours en rapport avec la fertilité du sol. Au point de vue de la préparation du sol, le sainfoin ne végète vigoureusement que dans un sol profondément ameubli et débarrassé des plantes vivaces par une sole de plantes sarclées.

Selon les contrées, on sème le sainfoin à l'automne ou au printemps. La première de ces deux époques est préférable dans le midi, et la seconde dans le centre et le nord de la France. Le sainfoin se sème à l'automne, sur une terre nue, préparée spécialement pour cette plante, ou dans une céréale d'hiver. Si le sainfoin est semé au printemps, il l'est dans une céréale de cette saison, dans une céréale d'automne ou sur une terre nue. C'est dans la céréale de printemps et sur la terre nue que la réussite est le plus assurée. Le recouvrement de la graine s'opère par un ou deux hersages. La quantité de semence par hectare est de 4 à 5 hectolitres. Comme pour le trèfle, il est prudent de faire l'essai de la graine. Cet essai se fait de la même manière sur quelques graines dépouillées de leur enveloppe. Il faut se garder de semer le sainfoin comme la luzerne, près des arbres : un tel voisinage est une cause de maladie et de mort pour eux.

Le sainfoin ne donne de produits sérieux que

la seconde année. La récolte a lieu lorsque toutes les fleurs sont épanouies Le fanage n'offre pas les mêmes difficultés que celui du trèfle, et s'exécute comme celui des prairies naturelles. Le sainfoin est également consommé en vert; à cet état, il n'expose pas à la météorisation. Sec ou vert, le sainfoin constitue un excellent fourrage pour tous les animaux. Selon la fertilité du sol et la variété, il donne une deuxième coupe en août ou simplement un pâturage. Les champs de sainfoin ne doivent pas être pâturés la première année; les années suivantes, ils ne doivent l'être que par les seules bêtes à cornes; les bêtes à laine et les chevaux coupent le collet de la plante et la font périr. Un léger hersage et un plâtrage, tous les ans, sont les soins d'entretien qu'exige le sainfoin. La durée moyenne d'un sainfoin varie de 3 à 7 ans. On s'aperçoit qu'il est temps de le rompre à la diminution des produits et à l'envahissement des herbes. Au sainfoin succède ordinairement un blé sur un seul labour. L'amélioration du sol par le sainfoin est considérable et équivaut à plusieurs fumures.

Les plantes adventices qui s'attaquent ordinairement au sainfoin et peuvent en causer la perte, sont : Le *brôme doux*, le *brôme stérile* et le *chiendent*. On se rend maître des deux premiers par des fauchages précoces, avant qu'ils soient venus à graine. Contre le chiendent, il n'y a d'autre remède que le défrichement.

Les rendements extrêmes du sainfoin sont 2,500 à 7,000 kilos. La variété, à deux coupes, atteint jusqu'à 9,000 kilos.

La meilleure graine se récolte sur un sainfoin

déjà âgé et peu vigoureux. Le sainfoin conservé pour graine est fauché lorsque la plupart des gousses ont pris une teinte foncée. On laisse sécher, puis on bat et on sépare la graine des feuilles et autres débris. Le rendement, qui peut atteindre 30 hectolitres, est en moyenne de 12 à 15 hectolitres. L'hectolitre pèse de 31 à 32 kilos: un poids inférieur indique une maturité incomplète.

31me LEÇON.

Fourrages légumineux (Suite).

Luzerne. — Par sa durée, l'abondance et la qualité de ses produits, la luzerne est, sans contredit, le plus précieux des fourrages. Aussi, tout cultivateur qui possède des champs susceptibles de la produire ne doit-il pas hésiter à faire tous ses efforts pour les convertir en luzernières. De toutes les variétés de luzernes, la luzerne commune est la seule cultivée en grand.

Au point de vue du sol, la luzerne, pour être durable, est une des plantes les plus exigeantes: profondeur, perméabilité et richesse, telles sont les trois conditions qu'il doit remplir. La luzerne redoute à l'excès les sols compactes et humides, les terrains tourbeux et marécageux. Au point de vue de la composition du sol, si l'élément calcaire n'est pas indispensable, il est du moins très-utile; car la réussite, dans les terrains non calcaires, est plutôt une exception qu'une règle générale.

Pour créer une luzernière, il est de toute nécessité que la terre soit profondément ameublie et purgée de mauvaises herbes par des plantes sarclées, précédées de profonds labours et de défoncement. Il faut, en plus, d'abondantes fumures, des marnages et des chaulages dans les sols non calcaires pendant les années qui précèdent les semis de luzerne. D'ailleurs, ces avances premières en façons et en engrais sont largement compensées par des produits plus abondants et une durée plus longue de la luzerne. Elle se sème à la volée sur une terre nue, ou bien associée à une céréale. Les semis sur terre nue se font en août, septembre ou au printemps. Les semis dans les céréales se font toujours à cette dernière époque. La graine se recouvre par un roulage ou un hersage. La quantité nécessaire par hectare est de 20 à 25 kilos. La graine de luzerne est souvent fraudée par le commerce, et il est prudent d'en faire l'essai, comme pour la graine de trèfle. Quelquefois elle est mélangée de graines de cuscute; il faut bien se garder de la semer avant de l'en avoir débarrassée complètement, en la frottant entre deux toiles avec soin et la passant ensuite au crible.

Un an environ après le semis, la luzerne donne ses premiers produits; mais ce n'est qu'à la troisième année qu'elle est en plein rapport. Le nombre des coupes, qui peut s'élever jusqu'à cinq, n'est guère en moyenne que de trois. La luzerne se fauche lorsqu'elle est en fleur; un peu plus tôt si on veut favoriser la coupe suivante. Le fanage offre les mêmes difficultés que celui du trèfle, et demande les mêmes précautions.

La luzerne consommée en vert expose les animaux à la météorisation, si on ne tient pas compte des précautions observées en pareil cas, de ne pas la donner flétrie par le soleil ou échauffée en tas, comme de ne laisser pâturer la dernière coupe qu'autant qu'elle aura subi l'action de la gelée.

Epierrer les luzernières lorsque les pierres sont d'un volume à gêner la marche de la faux, herser énergiquement en long et en travers chaque année, au printemps, ou même après chaque coupe, plâtrer sur les terrains où le plâtre n'est pas sans efficacité, fumer en couverture, dans le courant de l'hiver, les jeunes luzernières, pour activer leur vegétation. et les vieilles pour les rajeunir ; enfin, irriguer là où il est possible de le faire, tels sont les soins d'entretien de la luzerne.

La luzerne a pour ennemis certains insectes, les mauvaises herbes, la cuscute et le rhizoctone. Des insectes le plus redoutable est l'*eumolpe obscur*, sorte de petite chenille noire qui dévore les secondes coupes. Jusqu'ici il ne nous a été signalé que sur quelques points des Deux-Sèvres, aux environs de Thouars. Quoique difficile à détruire, on y parvient cependant en saupoudrant de chaux vive en poudre, dès son apparition. les parties envahies.

Pour ce qui est des plantes adventices, dont les plus communes sont l'*agrostis traçante*, l'*avoine à chapelet*, le *chiendent*, le *brôme stérile*, le mieux est de prévenir leur développement par un nettoiement complet du sol avant le semis. Dans le cas où elles apparaissent, les hersages énergiques, le fauchage avant qu'elles arrivent à graine, sont les moyens employés pour s'en débarrasser.

La *cuscute*, facilement reconnaissable à ses nombreux filaments jaunâtres, s'implante sur la luzerne, se nourrit de sa sève, et, si elle n'est arrêtée dans son accroissement, ne tarde pas à la faire périr. De tous les moyens de destruction les plus efficaces sont les suivants :

1° Faucher rez-terre les parties envahies, les couvrir d'une épaisseur de paille de 0 m. 10 à 0 m. 20, et y mettre le feu ;

2° Faire dissoudre 10 kil. de sulfate de fer ou couperose verte dans 100 litres d'eau, en arroser la partie attaquée après l'avoir fauchée : quelques jours après l'arrosage, la cuscute noircit et disparaît le plus souvent.

Le rhizoctone de la luzerne est un petit champignon d'une belle couleur violette qui se développe sur les racines et vit à leurs dépens. On voit dans certains champs de luzerne des places circulaires qui se dégarnissent et qui s'étendent progressivement ; elles sont dues au rhizoctone.

On ne connaît pas de remède contre ce cryptogame. La seule ressource est de défricher si le mal continue et de n'ensemencer de luzerne **sur** le même champ que plusieurs années après.

La récolte de la graine a lieu sur les 2ᵉ ou 3ᵉ coupes de vieilles luzernes. Faite plutôt sur de jeunes luzernes, elle les épuise et en abrège la durée. Dès que les têtes sont sèches et les gousses noirâtres, on fauche et on fait sécher. Le battage s'opère à la machine à battre et l'égrenage s'en fait avec celle-ci transformée en machine à égrener. Le rendement en graine par hectare peut atteindre jusqu'à 900 kilos; mais il est le plus souvent de 4 à 500 kilos.

La luzerne peut durer 15 ans et plus en plein rapport; mais la durée moyenne n'est que de 8 à 10 ans. Toute luzerne qui présente des signes d'envahissement d'herbes adventices et qui se dégarnit doit être rompue. Attendre plus longtemps serait une faute; dans cet état, la luzerne épuise le sol et le laisse infesté de mauvaises herbes. Le défrichement s'en fait, soit à l'automne, soit en hiver, selon la récolte qui doit suivre. Les plantes à faire succéder sont des céréales, si la verse n'est pas à craindre; des racines (pommes de terre), des plantes industrielles (colza) dans le cas contraire. L'amélioration du sol par la luzerne est supérieure à celle obtenue de tous les autres fourrages légumineux; elle permet de tirer du sol plusieurs récoltes de céréales sans l'épuiser. La luzerne ne doit revenir sur le même champ qu'après une période au moins égale à sa durée.

Il en est du rendement de la luzerne comme pour celui de toutes les récoltes; il varie avec les conditions de terrain dans lesquelles elle est placée. Dans les conditions exceptionnelles, il peut s'élever à 15,000 kilos. Mais on doit considérer comme une très-bonne récolte 10,000 kilos à l'hectare, et comme mauvaise 3,000 kilos; ces chiffres indiquent le rendement en sec; en vert, il est quadruple.

32me LEÇON.

Fourrages légumineux (Suite).

Lupuline. — La *lupuline*, qui n'est qu'une variété de luzerne, prend aussi les noms de : *minette dorée, trèfle jaune, mignonette, bujoline.*

La culture de la lupuline ne présente d'avantages que dans les terrains calcaires, secs, où le trèfle et la luzerne ne peuvent prospérer ; elle réussit aussi dans certaines terres non calcaires, saines et fortement chaulées.

Le semis de la lupuline se fait comme celui du trèfle. Une fois semée, elle ne demande, en fait de soins d'entretien, qu'un plâtrage là où il agit.

Les produits, ordinairement pâturés, commencent dès la fin de l'année du semis. Le pâturage commence vers l'automne ; interrompu par les froids, il est repris au commencement de mai, et dure ainsi jusqu'à l'automne. La lupuline améliore le sol, mais dans de moins fortes proportions que le trèfle et le sainfoin.

Vesces. — Les vesces sont une des plantes fourragères les plus précieuses et dont la culture ne peut que s'étendre de plus en plus à mesure que ses avantages seront mieux appréciés. Le seul inconvénient de cette culture est dans le haut prix de la semence, inconvénient, d'ailleurs, dont on ne s'aperçoit plus guère, dès que l'on produit sa graine. Deux variétés sont surtout semées en grande culture : la vesce d'hiver, désignée aussi sous le nom de *iarosse* et de *qurobe*, et la vesce de printemps. Ces deux variétés sont aussi connues sous le nom de vesces noires, à cause de la couleur brune de leurs semences.

Un terrain argileux, frais sans être humide, et calcaire, ou, s'il ne l'est pas, chaulé ou marné, est le sol qui convient aux vesces. Des fumures abondantes sont de toute nécessité. D'ailleurs, elles ne sont que des avances faites à la terre, qui s'améliore plutôt qu'elle ne s'épuise par cette culture.

Les vesces succèdent ordinairement à des céréales. Les préparations du sol sont, pour les vesces d'hiver, un labour de déchaumage après la moisson, fumure, puis labour de semailles. Pour les vesces de printemps, même préparation que pour les plantes-racines, c'est-à-dire, labours d'hiver, labours de printemps, hersages et fumure.

La quantité de semence par hectare est, pour les vesces d'hiver, de 200 à 300 litres, et, pour celles de printemps, de 180 à 200 litres. On associe toujours aux vesces, pour les soutenir, de 1/4 à 1/5ᵉ d'avoine. Les graines sont semées sur le labour, et recouvertes à la herse. Les vesces d'hiver se sèment à partir des premiers jours de septembre jusqu'à la fin d'octobre. Les semis les plus précoces sont généralement les plus assurés. Les vesces de printemps se sèment à partir du moment ou les gelées ne sont plus à craindre, jusqu'au mois de juillet, à des intervalles de 15 à 20 jours, de manière à avoir des coupes de fourrages verts échelonnées à différentes époques. Les vesces sont plâtrées avec succès dans les terrains calcaires ; d'ailleurs, seul soin d'entretien qu'elles réclament

Les vesces sont fauchées pour être consommées en vert, lorsqu'elles sont en fleurs, et pour être séchées lorsque les gousses sont formées. Comme rendement, on peut compter, dans de bonnes conditions de culture, sur 5,000 kilos de foin sec et sur 20 à 25,000 kilos de fourrage vert.

Les vesces pour graine se cultivent de la même manière. Une fois mûres, elles sont fauchées, le matin ou le soir, pour qu'elles ne s'égrennent pas, séchées, puis rentrées et battues. Le rendement de graine par hectare, s'il est parfois de 35 hectolitres, n'est généralement, en moyenne, que de 12 à 15. Les pailles provenant des vesces à graine sont consommées par les animaux durant l'hiver.

Fourrages divers. — Seigle, avoine, sarrazin, maïs, ray-grass, etc.

Seigle et avoine. — Ces céréales se sèment dans les mêmes conditions que lorsqu'elles sont laissées à graine, seulement plus épais ; dans la proportion de trois hectolitres environ à l'hectare. Ces fourrages sont plus précieux par leur précocité que par leur valeur nutritive. Ils donnent de 15 à 20,000 kilos.

Sarrazin. — Le sarrazin est également cultivé comme fourrage ; lorsqu'il l'est pour cet usage, le sol et les façons sont les mêmes que s'il devait porter graine, avec cette différence qu'il est semé plus épais, à raison de 80 à 100 litres par hectare. Les semis commencent aussitôt après les gelées et se continuent jusqu'en juillet. La variété de Tartarie passe pour être plus rustique et plus productive que la variété commune.

Maïs. — Ce fourrage est précieux comme rendement et comme résistant à la sécheres.e, **mais il ne faut pas en espérer**, comme des précédents, l'amélioration du sol qui le porte. Le terrain qui convient au maïs est de ténacité moyenne ; il demande une préparation soignée, de fortes fumures et de la chaux dans les terrains non calcaires.

L'ensemencement se fait sous raie ou à la volée sur le labour, et, dans ce dernier cas, on recouvre par un ou deux hersages ; le semis sous raie donne les meilleurs résultats. Les semis s'échelonnent à partir de la fin des gelées jusqu'en juillet. La quantité de semence par hectare est de 150 à 200 litres à la volée et de 70 à 100 litres sous raie. Les soins d'entretien consistent en binages et en sarclages. Le maïs est le plus souvent consommé en vert ; il se coupe dès que les panicules apparaissent.

Ray-grass. — Deux fourrages dont la culture, depuis quelque temps, s'étend avec raison de plus en plus sont le ray-grass anglais et celui d'Italie ; le ray-grass anglais dans les terres humides de la Gâtine, et le ray-grass d'Italie dans les terres plus saines et plus riches de cette contrée, ainsi que dans les terrains frais de la Plaine. Le semis a lieu dans les mêmes conditions que celui du trèfle, à raison de 50 à 60 kilos par hectare, et le mode de récolte est le même que celui des prairies naturelles. Ces deux ray-grass, fourrages excellents tant en vert qu'en sec, fournissent au moins deux bonnes coupes chaque année. La durée est de 3 à 4 ans.

Citons encore comme plantes préconisées à titre de fourrages : *le moha de Hongrie, le millet, la spergule, la serradelle, le sorgho à sucre, le lotier velu, l'anthylide vulnéraire, la moutarde blanche.*

33ᵐᵉ LEÇON.

Prairies naturelles.

Nous diviserons notre travail sur les prairies en trois parties. La première comprendra leur création ; la seconde les soins d'entretien ; enfin la troisième leur amélioration.

On entend par *pré* ou *prairie* tout terrain consacré à la production du foin.

Jusqu'à l'introduction des prairies artificielles dans la culture, les prés naturels furent les ressources alimentaires du pays. A partir de cette époque, ils ont perdu de leur importance et ne sont plus aussi indispensables. Cependant leur utilité n'en est pas moins restée très grande. Les avantages qu'ils présentent, sous certains rapports, sont tels qu'il ne sera jamais possible de les remplacer complètement par des fourrages temporaires. Plus durables que ces derniers, les prairies n'exigent pas de frais de culture et de semence aussi fréquemment renouvelés ; les soins d'entretien sont à peu près nuls ; souvent ne le cèdent pas en quantité. Il serait à désirer d'en voir plutôt créer de nouvelles que remplacer les anciennes par des fourrages annuels.

Tous les terrains ne conviennent pas aux prairies ; ceux qui se dessèchent facilement y sont impropres ; un terrain qui reste frais la majeure partie de l'année, sans être ni humide ni marécageux, est le seul qui puisse leur être avantageusement consacré. Ces conditions de fraîcheur ne dépendent pas seulement de la nature du sol, elles tiennent surtout à sa position ; est-ce aussi le plus souvent dans les parties basses, qui reçoivent les eaux des infiltrations supérieures, que se rencontrent les prés naturels.

La création d'une prairie demande toujours plusieurs années de préparation, pendant lesquelles la terre sera largement fumée et purgée de toute mauvaise herbe par des plantes sarclées ou même par la jachère. Les dernières façons doivent laisser le sol parfaitement nivelé et aplani. Pour y arriver, sur les terrains naturellement plans, il suffit d'un labour à plat exécuté par un bon laboureur. Dans d'autres cas, il faudra niveler. Lors de la création d'une prairie, on aurait tort de reculer devant les premiers frais d'établissement, car ils sont largement compensés par sa durée, l'abondance et la qualité de ses produits.

Les prairies naturelles se sèment à l'automne ou au printemps, seules ou en association avec des céréales. La meilleure manière de procéder est le semis sur une terre nue à l'automne, fin d'août ou dans le courant de septembre. La graine est répandue à la volée, puis recouverte par un léger coup de herse, suivi d'un roulage.

Le choix de la graine joue un rôle important dans la création d'une prairie ; on ne saurait y apporter trop de soin. Il faut se garder d'employer des balayures des greniers à foin. En agissant ainsi, on s'expose à semer des plantes quine conviennent nullement aux terrains auxquels elles sont destinées, et à introduire dans la composition de la prairie des plantes de mauvaise nature et peu variées. De plus, ces graines n'étant pas toujours suffisamment mûres et bien nourries, donnent des herbes grêles et peu vigoureuses. Le meilleur moyen, si on veut produire la graine soi-même, est le suivant : On choisit un pré de bonne qualité, reposant sur un sol de même nature que celui qu'il s'agit d'enherber. Il est divisé en quatre parties, et chacune est fauchée à mesure que les différentes plantes arrivent à maturité. De la sorte, on récolte les graines des variétés précoces comme celles des variétés tardives, dans un état de maturité complet. Après le fauchage, on laisse sécher, puis on bat et on nettoie grossièrement. La quantité de graine nécessaire par hectare est de 100 kilogrammes. Lorsqu'on ne se trouve pas dans des conditions favorables pour récolter la graine, on emploie des mélanges, que l'on trouve tout faits chez les marchands grainiers, au prix de 60 à 80 fr. les 100 kilos, et qui se sèment à raison de 60 kilos par hectare. On doit, en faisant sa demande, indiquer la nature du terrain à ensemencer.

Une prairie faite dans de bonnes conditions commence à donner des produits dès l'année suivante, et, dans la seconde année, elle est en plein rapport. Une excellente pratique est de fumer en couverture aux approches de l'hiver qui suit l'ensemencement ; la première coupe est plus abondante et les produits en sont accrus de beaucoup pendant plusieurs années. Aussitôt après la

9*

première coupe, il convient de faire pâturer le
le pré nouvellement créé par des moutons. Ce
pacage est très-favorable, en particulier aux
graminées, dont il favorise le tallement. Il ne
doit avoir lieu que par un temps sec. Ajoutons donc qu'il faut épierrer là où les pierres
pourraient gêner la marche de la faux, et nous
aurons indiqué tout ce qui est recommandé de
nécessaire et d'utile pour créer une prairie.

Soins d'entretien. — Ils comprennent la fumure, l'irrigation, l'épandage des taupinières,
l'enlèvement des feuilles, des pierres et autres
débris, la destruction des taupes.

La plupart des engrais conviennent aux prairies : fumier d'étable, composts, cendres vives,
charrées, marne, guano, matières fécales, suie,
etc. Le fumier est appliqué aux prairies frais ou
décomposé. Au premier de ces deux états, son
emploi a lieu à l'automne et sur les prés qui ne
sont pas exposés aux débordements. Le fumier
frais et pailleux produit les meilleurs effets dans
ces conditions. Ce fumier décomposé est appliqué au printemps. On ne saurait trop fumer les
prairies, le fumier ainsi utilisé est plus que doublé dans l'année même.

L'irrigation est un élément trop puissant de
fertilisation, pour qu'il soit permis de le négliger.
A l'article irrigation, il sera dit la manière de
les établir ; il ne sera question ici que des époques les plus convenables pour irriguer. On
commence à mettre l'eau, à l'époque des premières pluies d'automne, pendant quinze jours
environ. A cette époque, comme à toute autre,
un trop long séjour de l'eau dans les prés est

nuisible, en ce sens qu'il détermine la pourriture des racines. En hiver, on remet encore et l'on retire alternativement l'eau, de temps à autre, en ayant soin de la retirer à l'approche de la gelée. En mars, on remet encore l'eau pendant dix à quinze jours, si le temps est frais, et seulement pendant six ou huit jours, si la température est élevée ; car il y a d'autant plus de danger à faire pourrir les racines des bonnes herbes, par le séjour de l'eau, que l'air est plus chaud. Aussi, à mesure que la température s'échauffe, en avril et en mai, diminue-t-on la durée du séjour de l'eau sur chaque partie de la prairie ; on la réduit d'abord à deux ou trois jours, et lorsqu'il fait très-chaud, on ne donne l'eau que pour 24 heures, et même pour une seule nuit. On doit, chaque fois, laisser au sol le temps de se ressuyer complètement, avant d'y remettre l'eau ; si la température est pluvieuse, on suspend l'irrigation. Après l'enlèvement de la première coupe de foin, on remet immédiatement l'eau dans la prairie pour deux ou quatre jours, selon la température, et on réitère cette irrigation une ou deux fois avant la coupe du regain.

L'animal le plus nuisible aux prairies est, sans contredit, la taupe. Il importe de la détruire par une guerre sans relâche. Les pièges et l'irrigation sont les moyens les plus sûrs de destruction.

Les taupinières sont épandues au moins une fois chaque année, et plus souvent, si elles sont nombreuses. Ce soin doit être pris surtout à une époque assez rapprochée du fauchage, pour que, jusque-là, les taupes n'aient pas le temps d'en former de nouvelles en grand nombre.

Dans les prés qui sont pâturés, il faut veiller à ce que les excréments des animaux soient épandus au moins chaque année, au printemps, avant la pousse de l'herbe. Ce soin, répété plus souvent, n'en est que meilleur.

Enfin, lorsque les prés ont été fumés, qu'ils sont bordés d'arbres ou que, pour une cause quelconque, il s'y trouve des débris, des feuilles qui pourraient se mêler à l'herbe et rester dans le foin, il est nécessaire de les en débarrasser, à l'aide d'un fort balai d'épines. Les pierres qui se trouvent dans les prés sont enlevées en même temps. Parmi les soins d'entretien, nous ne devrons pas omettre une façon très-utile, l'arrachage des mauvaises herbes.

34me LEÇON.

Prairies naturelles (Suite).

Amélioration. — Parmi les prairies existantes, il s'en trouve dont le rendement est faible et de mauvaise qualité. De telles prairies sont ordinairement envahies par la mousse, par des plantes marécageuses ou autres de mauvaise nature.

L'existence de la mousse dans les prairies tient à trois causes principales : à une trop grande humidité, à une trop grande sécheresse, enfin, à l'épuisement du sol. Les moyens de destruction sont l'assainissement ou l'irrigation, suivant le cas, accompagnés de fumure, ou enfin la fumure seule. On emploie aussi, concurremment avec ces moyens, le hersage, et, dans les terrains non calcaires, la chaux, la marne, les cendres.

Les plantes marécageuses, comme les roseaux, les joncs, etc., disparaissent par l'assainissement suivi de fumures, de marnages ou cendrages.

Le mode d'assainissement varie avec l'origine de l'humidité. L'humidité d'un pré tient, soit à des flaques d'eau s'accumulant dans les dépressions du terrain, soit à de l'eau provenant des couches inférieures.

Dans le premier cas, des rigoles principales, tracées suivant la plus grande pente du terrain, et communiquant aux flaques d'eau qui ne se trouvent pas sur leur parcours, par d'autres rigoles, suffisent parfaitement pour assainir, si toutefois la pente est suffisante ; si elle ne l'est pas, il faut recourir au drainage, comme dans les conditions où l'eau est souterraine.

Dans les prairies négligées se rencontrent des taupinières durcies et enherbées. Il faut les enlever et en disperser la terre sur la surface du pré, puis semer de la graine de foin sur la place qu'elles occupaient.

Enfin, comptons au nombre des améliorations des prairies, l'arrachage des mauvaises plantes, si elles sont en petit nombre ; s'il en était autrement, il faudrait recourir au défrichement.

Défrichement. — Ce n'est qu'à la dernière extrémité que l'on doit se décider à défricher une prairie. Cependant, il en est qui sont tellement infestées de mauvaises herbes que le défrichement est le seul moyen de les en débarrasser. Il se pratique comme il a été déjà indiqué. Le pré rompu se cultive ensuite jusqu'à la destruction

complète des plantes dont on veut se rendre maître, puis on remet en prairie.

Récoltes. — Les produits des prairies se composent, pour les unes, d'une seule coupe de foin
et d'un pâturage.

Dans les prés à deux coupes, la première se
fait dès que la floraison commence ; pour ceux
dont on ne peut espérer qu'une coupe, on attend
que la floraison soit complète. Le fauchage s'exécute avec la faux, instrument connu de tout le
monde. L'important dans cette opération est que
l'herbe soit coupée rez-terre ; car c'est à la partie
inférieure que la prairie est le plus garnie et
qu'elle rend le plus.

Après le fauchage vient le fanage, opération
des plus simples lorsqu'elle est favorisée par un
beau temps. Les andains fauchés dans la première partie de la journée sont épandus aussitôt
la rosée passée ; ils sont ensuite retournés à plusieurs reprises dans le courant du jour, et le soir,
mis en tas. Les herbes, fauchées dans la dernière
partie de la journée, restent en andains jusqu'au
lendemain après la rosée. Chaque jour, le foin,
dès qu'il n'est plus humide de rosée, est épandu,
retourné à plusieurs reprises et mis le soir en
tas de plus en plus gros, jusqu'à ce que la dessication soit complète. Le foin, une fois sec, est rentré et conservé, soit en grenier, soit en meules.

Cette opération du fanage, si simple pendant
le beau temps, se complique par les temps de
pluie. Par ces temps, le mieux est de laisser les
andains nouvellement fauchés sans les faner et
de mettre l'herbe déjà fanée en tas d'autant plus
gros que la dessication est plus avancée. Des

tas bien coniques et bien tassés sont difficilement pénétrés par l'eau. Si la pluie persiste, la partie des andains qui repose sur le sol jaunit, et le foin en tas s'échauffe ; dès qu'on aperçoit de ces altérations, on retourne les andains sans les défaire ; on ouvre les tas en ·choisissant une éclaircie, et l'on s'empresse de les reformer dès que la pluie menace.

Le regain se traite comme le foin.

L'herbe des prés n'est pas seulement consommée sèche, elle l'est aussi à l'état vert. Pour cet usage, elle est coupée plus tôt qu'elle ne le serait pour être transformée en foin, c'est-à-dire avant l'épanouissement des fleurs.

Les prés fournissent aussi un pacage. Il est une précaution essentielle à observer qui est de ne pas introduire les animaux dans les prés lorsqu'ils sont humides et détrempés.

Sous le rapport du rendement, on considère comme un très-beau produit 6,000 kilos à l'hectare, et comme un produit très-faible 12 à 1,500 kilos.

35me LEÇON.

Céréales.

Sous cette dénomination, on comprend le blé, le seigle, l'orge, l'avoine, le maïs et, par extension, le sarrazin. Parmi les céréales, la plus importante est le blé.

Blé ou froment. — Le blé est, de toutes les

plantes cultivées, celle dont les variétés sont les plus nombreuses ; on en compte jusqu'à 600. Il est difficile d'indiquer la meilleure : telle qui l'est pour une ferme ne l'est plus pour une autre. C'est par des essais que l'on peut se fixer à cet égard.

Les bonnes terres à blé sont de consistance moyenne, profondes, fraîches et calcaires. Dans un sol sans calcaire, la réussite du blé est incertaine sans chaulage, ni marnage. Aussi n'est-il pas prudent d'essayer la culture du blé avant d'y avoir employé la chaux ou la marne.

Le blé est exigeant sous le rapport de la fertilité ; il demande un sol fortement fumé les années antérieures ; sur une fumure fraîche, à moins de fumier très-décomposé, la paille se développe au détriment du grain, et la récolte est exposé à la verse. La place du blé, dans un assolement, est à la suite d'une plante sarclée ou fourragère fumée.

Comme préparation du sol, le blé veut une terre nette de mauvaises herbes, meuble tout en étant tassée ; aussi le dernier labour doit-il être donné trois semaines ou un mois avant la semaille. Une autre condition favorable, c'est que le terrain reste couvert de mottes, pourvu toutefois qu'il y ait assez de terre meuble pour couvrir la semence et assurer sa germination. Les mottes qui se trouvent à la surface, en se pulvérisant par la gelée, procurent une espèce de buttage, favorable à la plante.

La semaille du blé commence dès les premiers jours d'octobre, et se continue jusqu'en novembre. Les semailles les plus précoces sont, d'une manière générale, les plus productives.

Le choix de la semence est un des points importants de la culture du blé ; un grain bien nourri, net de graines étrangères, sans traces de carie, tel est celui à choisir. Avant d'être confiée à la terre, la semence subit certaines préparations, dans le but de préserver la récolte de la *carie* et du *charbon*. La plus efficace est le sulfatage par le sulfate de cuivre. Il s'exécute de la manière suivante : Dans un baquet plein d'eau, on fait dissoudre du sulfate de cuivre en assez grande quantité pour colorer l'eau en bleu foncé ; la semence est versée dans la dissolution, puis brassée ; les grains qui surnagent sont enlevés, comme étant impropres à être semés. La semence, une fois humectée (ce qui exige 3/4 d'heure à une heure), est retirée ; et après être égouttée, elle peut être semée. Toutes les fois que l'on emploie le sulfate de cuivre ou couperose bleu, on doit se rappeler que c'est un violent poison contre lequel on ne saurait prendre trop de précautions. La dose de sulfate de cuivre est de 125 grammes par hectolitre de semence.

La quantité de semence est très-variable ; de un hectolitre par hectare dans certains cas, elle atteint jusqu'à trois hectolitres dans d'autres. Dans les terres riches, substantielles, bien préparées et ensemencées de bonne heure, c'est là où elle est la plus faible ; en moyenne, elle est de 2 hect. à 2 hect. 20 lorsqu'il s'agit de planches. Le blé se sème le plus souvent à la volée et se recouvre à la herse, au scarificateur, ou à la charrue, selon la ténacité du sol.

Un hersage ou un roulage, si la terre est sans mauvaises herbes, tels sont les soins d'entretien.

Le hersage dans les terres sujettes à se plomber, à former croûte ; le roulage dans celles qui sont sujettes au déchaussement et au soulèvement. Le hersage rompt la surface durcie, ameublit le sol et détruit les mauvaises herbes. L'époque du hersage est le printemps à la reprise de la végétation ; le moment le plus favorable est peu de temps avant la pluie. Le roulage tasse le sol, soulevé par la gelée, et enterre les racines dénudées par les froids ; dans les terres dont la préparation n'a pas été assez soignée, où l'herbe envahit la récolte, des binages à la main deviennent nécessaires. Un des accidents à redouter pour le blé, est la verse. On la prévient par *l'effiolage* qui consiste à couper, vers le mois de mars ou d'avril, l'extrémité des blés trop vigoureux à l'aide de la faux ou de la faucille.

La paille jaunit, l'épi prend la même couleur et s'incline, l'heure de la moisson est venue. Elle s'exécute à la faucille, à la sape ou à la faux. Ces deux derniers instruments sont bien à préférer à la faucille ; ils fournissent plus de travail, tout en demandant moins de peine. Un ouvrier avec la sape fait le double de travail qu'à la faucille et le triple avec la faux.

Le blé une fois rentré, il s'agit de le battre. Divers modes de battage sont en usage. Le meilleur est le battage à la machine, comme joignant aux autres avantages celui de laisser moins de grains dans la paille. Des expériences nombreuses ont prouvé que le rendement du blé battu par la machine était supérieur de 1/15ᵉ à celui qui l'était de toute autre manière.

Les maladies les plus communes au blé sont : le *charbon*, la *carie*, la *rouille*, le *miellat*.

Le *charbon* transforme le grain en une poussière noire que le vent et la pluie enlèvent peu de temps après la floraison.

La *carie* s'attaque à la même partie de la plante. Le grain carié est renflé, de couleur grise : frotté entre les mains, il s'écrase facilement et laisse échapper une poussière noire et fétide.

La *rouille* apparaît sur les feuilles, sur la tige et se reconnaît à une poussière jaune qui recouvre ces parties de la plante.

Quelquefois, après un temps pluvieux, un changement brusque de température, le blé se couvre d'un liquide visqueux et sucré, c'est le *miellat*.

On prévient les deux premières maladies par le sulfatage ; on ne peut rien contre les autres.

Le rendement du blé peut atteindre exceptionnellement 48 hect. à l'hectare, mais on considère comme une excellente moyenne de 20 à 25 hect. Au-dessous de 15 hect., il n'y a guère avantage à produire du blé.

Blé de printemps. — Certaines variétés de blé se sèment au printemps, et sont connues sous les noms de *blés de mars*, *blés de printemps*. Leur culture, peu répandue, n'offre rien de particulier. Le rendement est toujours plus faible que celui des variétés d'hiver.

Seigle. — Une seule variété de seigle est adoptée par la grande culture : le seigle commun.

Les terres consacrées à cette céréale sont de nature siliceuse, légères et sèches. Moins exigeant de fumier que le blé, le seigle n'en ressent pas moins les bons effets. L'engrais, pour être vraiment profitable, doit être appliqué après décomposition complète ou sur les récoltes précédentes.

La semence n'exige d'autre préparation qu'un nettoyage complet. La quantité est la même que pour le froment, et l'ensemencement s'en fait de la même manière, mais à une époque plus précoce. Les soins d'entretien sont nuls, à moins qu'il n'y ait envahissement par les mauvaises herbes ; il faut alors biner. Le mode de moisson, comme le mode de battage, est le même que pour le blé.

La maladie la plus grave du seigle et *l'ergot* ; elle se manifeste surtout dans les années pluvieuses. Cette maladie est caractérisée par un développement excessif du grain. Le seigle ergoté produit les effets les plus terribles sur l'homme et les animaux ; sa consommation détermine la gangrène des extrémités, et entraîne la mort. Aussi tout seigle ergoté ne doit-il être consommé qu'après avoir été débarrassé avec soin des grains malades.

Le rendement du seigle, quelquefois de 30 hect. par hectare, n'est guère en moyenne que de 15 à 20 hect.

Méteil. — On désigne sous ce nom un mélange du seigle et de blé. Pareille culture convient dans les terrains trop pauvres pour porter des récoltes complètes de froment, mais plus riches que celles destinées au seigle. Les travaux de préparation, d'ensemencement, de culture et de récolte sont les mêmes que pour le seigle. La proportion du seigle dans son mélange avec le blé, pour la semence, varie de la moitié au 2/3, selon la nature du sol.

Orge. — Les deux principales espèces d'orge cultivées sont l'orge à six rangs ou *escourgeon*,

et l'orge distique ou pamelle à deux rangs, connue aussi sous le nom de *baillarge*. La 1re se sème
avant l'hiver, la 2me au printemps.

Une terre moins forte que pour le blé, calcaire
ou du moins fortement chaulée ou marnée, longtemps en culture, voilà pour le sol. Comme place
dans la rotation, c'est après des plantes sarclées,
après toutes plantes qui ameublissent profondément, nettoient complètement le sol et qui ont
reçu une forte fumure, car si l'orge exige beaucoup de fumier, elle le veut décomposé ou mis
sur une récolte antérieure.

L'orge d'hiver se sème dès la fin de septembre,
à raison de 200 litres à l'hectare; celle de printemps, du mois de février au mois d'avril, à raison de 250 à 300 litres. L'orge demande à être
enfouie plus profondément que le froment. La
charrue, dans les terres légères, et le scarificateur dans les autres, conviennent mieux que la
herse, pour l'enfouissement de la semence. L'orge
de printemps veut être semée par un temps sec et
un sol en poussière.

Des binages aux orges infestées d'herbes sont
les seuls soins d'entretien. L'efficacité du hersage,
admise par certains cultivateurs, est contestée par
d'autres. L'orge d'hiver se herserait dans les mêmes conditions que le blé ; l'orge de printemps,
quelque temps après sa sortie de terre, alors qu'elle
est enracinée, et par la chaleur, au milieu du jour.

L'escourgeon est la céréale la plus précoce et se
récolte fin de juin. L'orge de printemps n'arrive
à maturité que dans le courant de juillet. Les orges
se coupent et se battent comme le blé. Le rendement moyen de l'orge de printemps varie de 20 à

25 hectolitres par hectare ; celui de l'orge **d'hiver,** atteint fréquemment 40 hect.

Avoine. — L'avoine est, de toutes les céréales, la plus rustique et celle dont la culture est la plus facile ; elle s'accommode de tous les terrains qui ne sont pas trop secs, n'exige aussi qu'un sol imparfaitement préparé. Mais les conditions les plus favorables à sa réussite sont les mêmes que pour le froment.

L'avoine se sème à l'automne et au printemps.

A l'une comme à l'autre de ces deux époques, les semailles les plus hâtives sont les plus sûres. La quantité de semence, au printemps comme à l'automne, est de 2 à 3 hect. par hectare. La semaille se fait à la volée ; l'enfouissement à la charrue, au scarificateur ou à la herse. Comme soins d'entretien, un hersage et des binages, s'il y a invasion de mauvaises herbes. Le hersage de l'avoine d'hiver se donne comme au blé, pour l'avoine de printemps, à l'apparition de la troisième feuille.

La moisson se fait lorsque la majorité des épis sont mûrs, sans attendre qu'ils le soient tous. La maturité s'achève par un javelage de quelques jours ; le javelage consiste à laisser l'avoine en javelles sur le sol. Un hectare d'avoine peut rendre jusqu'à 70 hect. ; un bon rendement est de 30 à 35 hect. ; souvent le produit tombe à 20 et au-dessous. Le rendement de l'avoine de printemps est toujours inférieur à celui de l'avoine **d'hiver, tant en poids qu'en volume.**

36me LEÇON.

Maïs. — La culture du maïs est précieuse à plus d'un titre; elle n'a contre elle que l'épuisement du sol, que, d'ailleurs, les labours profonds atténuent beaucoup. Cette céréale, par la nature des façons qu'elle nécessite, diffère complétement des plantes à grain jusqu'ici étudiées. A ce point de vue, elle se confond avec les plantes sarclées; comme à elles, sa place est marquée en tête de l'assolement pour purger le sol d'herbes.

Les variétés sont peu nombreuses. Pour cette plante surtout, la substitution d'une variété à celle qui se cultive habituellement, demande beaucoup de circonspection. Ce changement n'aura lieu qu'après des essais qui auront donné la certitude que le sol convient à la nouvelle variété et que le climat lui permet de mûrir.

Les terrains les plus propres à la culture du maïs tiennent le milieu entre les argiles compactes et les sables légers; il demande aussi de la profondeur et de la fraîcheur. Si le calcaire n'est pas indispensable à la réussite, sa présence n'est pas sans avoir une influence heureuse sur la qualité et la quantité de la récolte.

Un labour profond avant l'hiver, deux ou trois au printemps, et autant de hersages, telles sont les façons préparatoires. Le fumier d'étable, associé aux cendres ou aux charrées, est l'engrais qui convient. Comme pour les plantes sarclées, la fumure n'est jamais trop abondante.

Le maïs redoute les gelées et une terre froide;

aussi n'est-ce qu'après que les froids ne sont plus à craindre et que la terre s'est réchauffée, vers le mois d'avril, que les semailles commencent. Elles se font sous raie et en lignes espacées de 0^m 60 à 0^m 70, distance qui s'obtient en ne semant que tous les deux ou trois sillons; l'écartement de chaque pied dans le rang est de 0^m 33. Pour semence, on choisit les plus beaux épis et on a coutume de n'employer que les graines du milieu, rejetant ceux de la base et du sommet. La quantité de grain à semer par hectare est de 40 à 50 litres.

Dès que la plante a quatre feuilles, il lui faut un binage; en même temps, on supprime les pieds qui sont trop rapprochés, et on remplace par le semis ceux qui manquent. Après cette façon, en viennent une ou deux pareilles; puis, lorsque le maïs a atteint une hauteur de 0^m 30 à 0^m 33, on butte une première fois superficiellement ; 15 à 20 jours après, on butte une seconde fois plus profondément. A ces soins d'entretien se joignent l'enlèvement des rejetons et l'écimage. L'*écimage* consiste à retrancher les cimes ; on peut y procéder dès que les stigmates ou filaments qui s'échappent de l'épi sont devenus noirs ; on coupe ou on casse la sommité de la tige à quelques centimètres au-dessous de l'épi supérieur : l'écimage procure un fourrage vert de première qualité, et d'autant plus précieux, qu'il arrive au moment de la plus grande disette des produits de ce genre. Ce fourrage peut encore se faire sécher.

Le maïs se récolte vers la fin de septembre : l'épi, dépouillé de ses enveloppes, est séparé de la tige, puis conservé dans les greniers en couches peu épaisses et souvent remuées. L'égrenage se fait au fléau, en raclant l'épi contre une lame en fer, ou encore à l'aide d'un instrument spécial, l'*égrenoir*. Cela ne se passe pas ainsi partout ; dans les contrées froides, par les années pluvieuses, la conservation du maïs s'opère en le suspendant aux poutres et aux chevrons des greniers, ou en le passant au four. Mais, là où il faut recourir souvent à de pareils moyens de conservation, la culture du maïs n'est plus abordable que sur une surface très-restreinte et n'offre plus que des avantages douteux.

Le plus haut rendement connu est de 70 hectolitres par hectare ; c'est l'exception, mais on peut facilement obtenir de 30 à 35 hect. Après la récolte des épis, les tiges sont coupées et conservées pour servir de fourrage pendant l'hiver.

Le charbon est la seule maladie un peu grave du maïs. Sous l'influence de cette affection morbide, un ou plusieurs grains se développent outre mesure et sont transformés en une matière spongieuse de couleur noire. Il n'est pas de remède à ce mal.

Sarrazin ou blé noir. — Le sarrazin se recommande aux cultivateurs des contrées pauvres par de précieuses qualités : il n'est pas exigeant sur le sol, l'épuise peu et le nettoie parfaitement. Il est à regretter que la réussite en soit aussi chanceuse et qu'elle soit complétement subordonnée au temps. Quels que soient les soins apportés à la préparation du sol, quelle que soit la fumure, rien n'y fait si la température n'est pas favorable, c'est-à-dire pluvieuse à l'époque des semis et quelque temps après. La variété commune est la seule cultivée pour grain. Son terrain de prédilection est un sol léger, parfaitement ameubli ; sa place sur un labour, après des plantes sarclées. Une trop grande fertilité lui est contraire ; elle développe la partie foliacée aux dépens du grain. Le noir, les cendres, la chaux, la marne sont les engrais et les amendements qui conviennent le mieux.

La semence se répand à la volée à raison de 50 à 60 litres par hectare et se recouvre à la herse. L'époque la plus favorable pour semer est du 20 mai au 20 juin. Pendant sa végétation, le sarrazin ne demande aucun soin d'entretien. La floraison se faisant pendant un mois et demi, il s'en suit que les premiers grains sont mûrs et tombent avant que les derniers ne soient formés ; on choisit le moment où la plus grande partie des grains sont mûrs pour procéder à la récolte, ce qui arrive fin de septembre ou commencement d'octobre. Elle se fait à la faucille. Pour compléter la dessication, on dresse les javelles en les appuyant deux ou trois ensemble. Lorsque la plante est bien sèche, elle est rentrée et battue au fléau ou à la machine.

La paille de sarrazin sert de litière, et le grain, comme tout le monde le sait, de nourriture à l'homme et aux animaux. S'il est un produit variable, c'est bien celui du sarrazin : certaines années, il égale à peine la semence ; d'autres, il atteint 30 et 35 hect. par hectare.

Fèves. — La culture des fèves en plein champ, en usage dans quelques cantons du département des Deux-Sèvres, y est généralement faite avec soin. Il est seulement à regretter que la houe à cheval ne soit pas employée pour donner les binages qu'elle comprend. La houe, qui passe dans des lignes écartées de 0ᵐ 50 à 0ᵐ 60, n'exigerait pas un espacement plus grand qu'il ne convient.

Colza. — Le principal caractère de cette récolte est son exigence au point de vue de la fertilité du sol. Toute terre qui par des fumures abondantes et répétées n'est pas arrivée à un rendement de 20 hectolitres de blé, qui n'est pas un défrichement de landes, ou un fond d'étang ou de marais récemment desséché, ne convient pas au colza. Indépendamment de cette condition, il se cultive dans tout sol, quelle que soit sa nature, dès qu'il n'est ni trop léger, ni trop humide. On connaît deux variétés de colza: celle de printemps et celle d'hiver. Cette dernière est la plus répandue. Le colza se cultive en place ou par transplantation. Ce dernier mode donne les meilleurs résultats. Le plant est semé fin juillet ou commencement d'août, et mis en place dans le courant d'octobre et de novembre. Le repiquage a lieu au plantoir, à la bêche et à la charrue. La plantation à la charrue, quoique la moins parfaite, mérite cependant la préférence dans beaucoup de cas, à cause de sa rapidité. Toutes les deux raies, sur le bord de la bande renversée et à une distance de 0ᵐ 30, sont placés les plants, puis enterrés par la charrue à son retour.

Le colza succède ordinairement à des céréales. Aussitôt après la moisson, la terre est passée au scarificateur; quelque temps après, un labour, puis un deuxième et un troisième, suivant l'état de tassement du sol. Au dernier a lieu la fumure.

Les engrais les mieux appropriés aux exigences du colza sont, dans les terres depuis longtemps en culture, le fumier d'étable et les tourteaux ; dans les défrichements, le noir animal. Ce n'est qu'exceptionnellement que le colza se bine avant l'hiver. Au printemps, avant qu'il ne recouvre complètement la terre, il est biné deux fois à la houe à cheval. Ce sont-là toutes les façons qu'il reçoit.

Dans le courant du mois de juin, les siliques et les feuilles prennent une teinte jaune, c'est signe de maturite ; il faut se hâter de couper pour ne pas s'exposer à des pertes. Le sciage se fait à la faucille et s'exécute le soir et le matin à la rosée ou après la pluie, pour éviter l'égrenage. La récolte est mise en javelles, et quelques jours après, lorsqu'elle est sèche, battue. Le battage s'opère dans le champ même, sur une bache disposée sur un espace préalablement aplani et débarrassé de troncs de colza. Les javelles sont apportées sur des civières garnies de toile, et battues au fléau ou au moyen de longues gaules. Le battage achevé, le colza est grossièrement nettoyé, transporté au grenier, où il est épandu en couches minces et, dans les premiers temps, remué fréquemment pour éviter toute altération.

Les rendements les plus élevés sont de 40 heclolitres à l'hectare ; les moyens de 20 à 25 hectotitres. On sait que la graine de colza est convertie en huile à brûler.

37ᵐᵉ LEÇON.

Assolements.

L'assolement se définit: *l'ordre suivant lequel se succèdent les récoltes sur le même terrain.* Cet ordre de succession n'est pas indifférent; car, sous peine de diminution dans les rendements, on ne peut pas cultiver, plusieurs années consécutives, les mêmes plantes sur le même sol, ni les y faire succéder indistinctement. Un second blé ne vaut jamais le premier, et le troisième est encore plus pauvre. Une avoine, venue après de l'orge ou du blé, sera loin de valoir celle qui aura suivi un trèfle ou des plantes sarclées. Cet ordre se régle d'après certaines lois connues sous le nom de *lois des assolements.* Elles sont au nombre de quatre. La première est relative à l'ameublissement du sol; la seconde à son nettoiement; la troisième à l'alimentation des plantes; enfin, la quatrième aux exigences spéciales de chacune d'elles.

Un des premiers besoins des plantes pour végéter vigoureusement est de trouver un milieu convenablement ameubli. Ce résultat ne peut être atteint qu'en se réservant, entre la récolte qui précède et la semaille qui la suit, un espace de temps suffisant pour donner des façons en rapport avec le tassement du sol. Cet espace de temps est essentiellement variable, de courte durée pour les terres légères et meubles, comme après les récoltes sarclées, alors qu'un ou deux bons labours suffisent pour que le sol soit prêt à porter de nouveaux produits ; il est plus long lorsqu'il s'agit de terres fortes ou tenaces, de terres qui ont porté des récoltes qui, comme les céréales, n'ont reçu que des façons superficielles, et dans lesquelles les labours profonds d'hiver, les labours et les hersages de printemps, la jachère même quelquefois sont nécessaires. Les fortes fumures en fumier pailleux, le marnage, le chaulage, les engrais verts, sont encore des moyens de rendre moins tenaces les terres qui le sont à l'excès.

C'est par l'application de cette loi que les céréales d'hiver ne doivent pas se succéder à elles-mêmes. Le petit nombre comme le peu de profondeur des façons qu'elles reçoivent, tant qu'elles sont en terre, la durée de leur végétation, le peu de temps qui sépare la moisson de l'époque de la semaille et l'état de sécheresse du sol à cet époque de l'année, sont autant de causes pour ne pas compter sur la possibilité d'un ameublissement suffisant. Les avantages d'un terrain profondément ameubli sont trop connus pour que je m'arrête plus longtemps à démontrer l'importance de la loi qui y est relative. On sait que dans un tel sol les récoltes sont plus vigoureuses, moins exposées au déchaussement, à la gelée, à la verse, à la sécheresse et à l'humidité.

L'ameublissement du sol n'est pas le seul élément de prospérité des récoltes, il faut encore qu'il soit propre et net de mauvaises herbes. Tous les cultivateurs, et surtout les plus négligents, savent qu'il en coûte de laisser les herbes envahir leurs champs et ce que valent les récoltes infestées de chiendent, de chardon, de folle-avoine et autres plantes pareilles. Les trois causes principales de l'envahissement des récoltes par les herbes adventices sont : le retour sur le même terrain, pendant plusieurs années consécutives, de récoltes salissantes ; l'ensemencement de ces récoltes immédiatement après la fumure, et enfin des labours profonds aussitôt après leur enlèvement.

On donne le nom de récoltes *salissantes* à celles qui, ne recevant que peu ou point de façons dans le cours de leur végétation, favorisent la multiplication des plantes nuisibles. Par contre, les récoltes *nettoyantes* sont celles qui, comme les plantes sarclées, recevant de nombreux binages et sarclages, permettent la destruction des herbes adventices ; telles sont encore celles qui les étouffent sous leur végétation épaisse et serrée : les vesces, le sarrazin, les pois, le chanvre et le lin sont de ces dernières.

Parmi les plantes les plus salissantes on range les céréales : nulles autres, mieux qu'elles, n'en réunissent les conditions. Les façons sont en trop petit nombre et trop superficielles pour détruire les mauvaises herbes ; de plus, celles-ci ont le temps, avant la moisson, de mûrir leurs graines, de les disséminer dans le sol et de les perpétuer ainsi à l'infini. Le mal est encore pire si deux céréales se succèdent. Au moment où s'enlève une céréale, le sol est infesté de mauvaises graines, et, avant la semaille, le temps va manquer pour l'en débarrasser. En effet, dans les derniers jours de l'été, la moisson, et dans les premiers jours de l'automne, la semaille. Ce laps de temps, déjà si court, est encore restreint par l'état de siccité du sol, a cette époque de l'année, qui met souvent obstacle à l'exécution des travaux; mais dans la supposition même que la terre puisse être travaillée, la destruction des mauvaises herbes est loin d'être complète. Si un temps sec convient pour détruire les herbes vivaces comme le chiendent, l'avoine à chapelet, il n'en est pas de même des graines ; faute d'humidité, elles ne germent pas, se conservent intactes dans le sol et naissent aux premières pluies de l'automne. Mais à cette époque, le champ est ensemencé, elles s'élèvent à l'abri de la céréale, accomplissent, comme l'année précédente, toutes les phases de leur végétation et couvrent le terrain de semences plus nombreuses. Dans un tel état, une troisième céréale n'est pas possible ou du moins ne serait que désavantageuse, soit par le peu de produits qu'elle donnerait si elle était abandonnée à elle-même, soit par la dépense des façons, si on veut la délivrer des herbes nuisibles. On voit combien la culture des céréales apporte des obstacles à la destruction des herbes parasites et combien elle en favorise la multiplication. C'est assez dire que le retour de ces récoltes sur le même terrain plusieurs années consécutives doit être proscrit dans tout bon assolement. Alterner une culture nettoyante avec une récolte salissante, telle est la règle à suivre et dont la nécessité de l'application trouve sa démonstration là où une céréale succède à une plante sarclée ou fourragère et est suivie par une autre du même genre La céréale, dans une terre purgée d'herbes étrangères, se développe librement sans exiger de façons toujours coûteuses ; le petit nombre de plantes adventices que la céréale aura pu engendrer, n'auront pas le temps de se propager, car elles sont détruites par la récolte qui suit. Le sol sera ainsi tenu constamment net, et à peu de frais.

Nous avons compté au nombre des causes du salissement du sol l'ensemencement des céréales sur les fumures récentes. Le fumier, même le plus décomposé, contient toujours de mauvaises graines qui n'ont pas perdu leur faculté germinative. Si sur la fumure vient une céréale, ces graines germent, se développent, fructifient et se multiplient à l'infini. Il suffit souvent de quelques graines pour qu'un champ se trouve infesté pour longtemps. Si, au contraire, ce sont des récoltes sarclées, des fourrages verts, qui viennent après la fumure, ils détruisent les herbes adventices et laissent le sol propre.

Les labours profonds après les céréales, avons-nous dit, sont une des causes de l'envahissement des champs par les mauvaises herbes. Voici comment : Les labours de ce genre enfouissent les graines tombées sur le sol à une trop grande profondeur pour qu'elles naissent ; elles s'y conservent intactes, germent à mesure que les façons les ramènent à la surface, et finissent par infester les récoltes pendant un grand nombre d'années. Certaines graines ont une faculté de conservation à laquelle on a peine à croire. Celle de la folle-avoine entr'autres se conserve dix ans et plus dans le sol sans perdre sa faculté germinative. Aussi a-t-on remarqué des champs infestés de folle-avoine pendant plusieurs années, quoi qu'on ait pu faire, après une céréale où il s'en trouvait. La seule cause en était dans un labour profond donné après la moisson. Il n en eût pas été de même si le champ eût été hersé ou eût reçu un coup de scarificateur. La herse, comme le scarificateur, n'enfouit que légèrement les graines qu'il importe de détruire ; elles germent, se développent, et arrivées à l'état herbacé, un labour suffit pour assurer leur destruction.

La netteté des semences n'est pas étrangère à celle des récoltes et du sol. Quelques heures employées au criblage des semences se traduisent par des journées entières épargnées pour l'enlèvement des herbes. L'attention des cultivateurs ne saurait trop se fixer sur les moyens de prévenir la multiplication des mauvaises herbes. Les moindres soins donnés dans ce but aboutissent à de grandes économies de main-d'œuvre.

La troisième loi ne le cède pas en importance aux deux précédentes ; tout assolement qui n'y répond pas est imparfait. Cette loi est relative à l'alimentation des plantes ; elle peut s'énoncer ainsi : *Mettre les plantes dans les conditions les meilleures pour trouver dans le sol les éléments les mieux appropriés à leur prospérité.* Cette loi se base sur ce fait que tous les végétaux ne se nourrissent pas des mêmes principes, et puisent dans le sol des sucs nourriciers différents. Si ce fait avait besoin de démonstration, il suffirait de s'adresser à l'expérience de chaque agriculteur. Il nous dirait que là où ne viendrait pas un deuxième ou un troisième blé vient une avoine ; qu'un champ chargé de maïs cette année portera, préférablement à celle-ci, une toute autre récolte l'année suivante ; il nous dirait encore qu'un champ fatigué de porter du trèfle se couvre de belles récoltes en blé, et qu'en général, toutes les fois qu'une même récolte se succède à elle-même, sur le même terrain, pendant plusieurs années, les rendements diminuent. Ces faits, que chacun de nous a pu observer, s'expliquent. je le répète, par cette loi physiologique d'après laquelle chaque plante absorbe un principe particulier de préférence aux autres, et en plus grande quantité. Pour le trèfle, c'est la chaux ; pour le blé, c'est le posphate de chaux; pour le maïs, la potasse. Il faut donc, pour répondre aux exigences alimentaires des plantes, éviter, sur le même terrain, le retour consécutif d'une même récolte ou de récoltes de même espèce. C'est en vertu de cette loi que l'on ne verra jamais, dans un assolement bien entendu, se succéder l'orge, l'avoine, le seigle, le blé, ni les mêmes récoltes revenir sur elles-mêmes plusieurs années consécutives. Cette règle ne comporte que peu d'exceptions, qui ne sont autorisées que dans des conditions particulières et avec des fumures abondantes.

La place que les récoltes occupent dans l'assolement, par rapport à la fumure, n'est pas indifférente : immédiatement après une fumure, surtout de fumier frais et pailleux, le blé, comme toutes les plantes à grain, pousse beaucoup en paille et peu en grain ; ce ne sera donc pas là sa véritable place, mais bien celle des racines et des fourrages. C'est à la seconde année, après la fumure, que le blé et les autres céréales doivent prendre rang dans l'assolement.

La quatrième loi est relative aux exigences spéciales de certaines plantes. Citons, comme application de cette loi, la luzerne, qui ne doit revenir sur un même champ qu'après un temps au moins égal à celui où elle l'a occupé ; le sainfoin, dont le retour n'est possible qu'après un laps de temps double de sa durée ; le trèfle, dont six ans doivent au moins séparer le retour. Tels sont les principes généraux à observer dans l'agencement d'un assolement.

38e LEÇON.

Systèmes de culture.

On entend par système de culture *l'ensemble de la culture suivie dans une exploitation.* Indiquons à quelles conditions ce système s'approchera le plus de la perfection, et donnera les résultats les plus productifs.

Une des conditions d'un bon système de culture est l'entretien, sur la ferme, d'un nombre suffisant d'animaux. Ce nombre ne devrait pas être moindre d'une tête de gros bétail par hectare. Ce n'est pas la seule condition à remplir. Le bétail doit être approprié aux exigences locales de sol, de climat et de débouchés. Le régime alimentaire des animaux doit se combiner de manière à tirer d'eux le plus grand bénéfice. Enfin, les spéculations végétales doivent être choisies parmi les plus avantageuses de celles que comportent la nature du sol, sa fertilité et le climat. Développons ces diverses propositions.

Le nombre des animaux entretenus dans une

ferme n'est pas seulement une preuve de bénéfice réalisé par eux, mais il est aussi une garantie d'une abondante production de fumier, dont la conséquence est l'abaissement du prix de revient de tous les produits de la ferme, et, par suite, la réalisation d'importants bénéfices.

Il ne suffit pas de disposer d'un nombreux bétail, il faut encore que les spéculations animales répondent aux exigences locales de sol, de climat et de débouchés ; ce n'est qu'à ces conditions qu'elles seront avantageuses. Chacun le sait, dans un cas, ce sera l'entretien des vaches laitières à préférer, comme étant le plus avantageux ; dans un autre, l'élevage ; dans un troisième, l'engraissement ; enfin, dans d'autres cas, ce ne sera plus la race bovine qu'on aura avantage à entretenir, mais bien la race chevaline, ovine ou porcine, au au point de vue de la propagation, de l'élevage ou de l'engraissement. Le meilleur guide dans le choix des spéculations animales est ce qui se pratique dans la contrée que l'on habite, Il est prudent, sauf de rares exceptions, de conserver les spéculations animales de la localité et de n'avoir d'autres préoccupations que de les rendre plus lucratives par un régime et des soins mieux entendus ; elles répondent généralement bien aux conditions de sol, de climat et de débouchés, sans lesquelles il n'y a pas à attendre de bénéfices. Les changements en pareille matière demandent beaucoup de circonspection ; ils ne seront faits que sur des probabilités à peu près certaines que la nouvelle spéculation sera d'un entretien facile et trouvera des acheteurs sur les marchés voisins.

Ce n'est pas tout d'avoir des animaux en nombre suffisant et bien choisis, il faut encore que le régime alimentaire remplisse certaines condi-tions, dont la première est qu'il soit approprié à la nature des animaux auxquels il est destiné, et qu'il se compose des fourrages les moins coûteux à produire.

Il est de notion élémentaire, dans l'éducation du bétail, que les fourrages qui entrent dans la ration des animaux de l'espèce bovine ne sont pas les mêmes que ceux qui composent celle des animaux de l'espèce chevaline, porcine ou ovine ; ils ne sont plus les mêmes , selon que l'on fait naître, que l'on élève ou que l'on engraisse. Aux uns, comme aux chevaux, c'est une nourri-ture substantielle, sous un petit volume ; aux au-tres, comme aux vaches laitières, c'est une nour-riture aqueuse qui est le mieux appropriée aux produits qu'on leur demande. Mais, un point ca-pital de cette question surtout pour les animaux de rente, c'est l'association, pendant l'hiver, des aliments verts aux aliments secs.

On ne doit pas seulement consulter la conve-nance des animaux ; il faut tenir compte aussi du prix de revient des fourrages, et donner la pré-férence à ceux qui sont les moins chers à pro-duire. Ainsi, préférer à la carotte la betterave, comme étant moins coûteuse à cultiver, toutes les fois qu'elle pourra la remplacer sans préju-dice pour les animaux ; préférer les fourrages qui améliorent le sol à ceux qui l'épuisent. Il n'est pas toujours possible de supprimer complètement les fourrages les plus coûteux ; mais il importe, du moins, de les restreindre à l'étendue stricte-tement nécessaire.

Le régime alimentaire doit être assez abondant pour subvenir à tous les besoins des animaux, et pour tirer d'eux, dans le moindre laps de temps, la plus grande masse de produits. Établissons qu'il y a tout intérêt à agir ainsi.

La ration des animaux se compose de deux parties : l'une, qui sert à les maintenir dans le même état, sans leur demander d'autres produits que le fumier, en d'autres termes, à les empêcher de périr, c'est la *ration d'entretien* ; l'autre partie est transformée en produits : croît, lait, c'est la *ration de production*.

Tout animal réduit à la ration d'entretien consomme le fourrage en pure perte, et le prix de revient des produits animaux est d'autant plus élevé que la ration de production est plus faible. Pour faire ressortir cette vérité, prenons pour exemple deux vaches laitières du poids de 400 kilos, dont l'une donne par jour cinq litres de lait, et dont l'autre, par le fait seul d'une nourriture plus abondante, en donne dix. On admet, comme ration d'entretien des vaches laitières, 1 kil. 500 de foin, ou de tout autre fourrage de même valeur nutritive, par 100 kilos de poids vif. On admet également, pour la production d'un litre de lait, la même quantité de fourrage. La première de ces deux vaches recevra par jour, comme ration d'entretien, 6 kilos de fourrage, et comme ration de production, 7 kil. 500, soit un total de 13 kil. 500, ou, par litre de lait 2 kil. 700. En supposant le prix commercial du foin à 7 fr. le quintal métrique, le litre de lait revient à 0 fr. 19 c.

La seconde vache reçoit la même ration d'entretien, 6 kilos de foin, et, comme ration de production, 15 kilos, en tout 21 kilos, ou 2 kil. 10 par litre de lait, dont le prix de revient n'est plus que de 0 fr. 15. Différence en faveur de cette dernière, 0 f. 04 par litre de lait, et, par jour, de 0 f. 40.

Le même fait économique se produit pour les animaux à l'engrais ; il y a encore intérêt à augmenter la ration. On admet la même ration d'entretien que pour les vaches laitières, et le nombre de 20 kilos de foin, ou son équivalent, pour produire un kilo de viande. Un bœuf de 400 kilos, que l'on veut amener à 500 kilos, a besoin, pour y arriver en 100 jours, d'une ration d'entretien de 600 kilos de fourrage et d'une ration de production de 2,000 kilos. En donnant au foin la même valeur que dans l'exemple précédent, 7 fr. les 100 kilos, le prix du kilo de viande produit est de 1 fr. 80.

Si, par suite d'une nourriture moins abondante, on met 200 jours pour arriver au quintal métrique de viande, la ration d'entretien est doublée, chaque kilo de viande correspond à 33 kilos de foin et coûte 2 fr. 30. Différence en plus, par kilo, 0 fr. 50, et, pour les 100 kilos, 50 fr.

On pourrait passer ainsi en revue toutes les spéculations animales ; mais cet examen serait inutile, il n'ajouterait rien à l'évidence du précepte déjà posé, *de nourrir abondamment le bétail.*

Cette question d'abondance dans l'alimentation des animaux se résout en donnant aux plantes fourragères une étendue suffisante. Pour les mêmes animaux et en même nombre, elle ne sera pas la même partout, elle varie avec la fertilité du sol : plus grande sur un terrain pauvre, elle sera plus restreinte sur un sol riche. Quoique essentiellement variable, on admet comme une proportion convenable et susceptible de nourrir une tête de gros bétail par hectare, la moitié de la ferme en fourrages, abstraction faite des prairies. Ajoutons qu'il y aurait encore avantage à augmenter cette proportion.

Voilà pour les spéculations animales. Passons aux spéculations végétales. On choisira les plus avantageuses de celles que comportent le sol et le climat. Dans cette catégorie, parmi les plantes annuelles, sont le chanvre, le lin, le colza dans les terres les plus riches ; ensuite, à mesure que le degré de fertilité s'abaisse, le blé, l'orge et le maïs, l'avoine, le sarrazin et le seigle. La vigne viendra se substituer aux récoltes annuelles, dans certaines contrées où elle convient mieux au sol et au climat, et donne plus de produits.

Une question importante, qu'il ne faut pas perdre de vue dans un système de culture, est celle de la répartition du travail. Il est de nécessité, pour l'agriculteur, que ses travaux soient répartis sur toutes les époques de l'année, et non accumulés et circonscrits à la durée de certaines saisons. Avec de telles conditions, trouvant plus facilement des ouvriers, auxquels il assurera un travail constant et régulier, il ne sera plus exposé à manquer de bras à certaines époques, et à en avoir d'inactifs dans d'autres. L'ouvrier y aura son avantage, n'étant plus soumis chaque année, alternativement, à un chômage et à un travail forcé. C'est par la variété des récoltes, la culture des plantes sarclées et des plantes fourragères de toute sorte, que l'on arrive à bien répartir ses travaux. D'ailleurs, il suffira presque toujours de tenir compte des considérations qui précèdent, pour que le système de culture comporte une bonne répartition du travail.

39ᵐᵉ LEÇON.

Vigne.

La culture de la vigne est une de celles avec qui peu peuvent entrer en parallèle ; en France elle couvre plus de deux millions d'hectares, et ses produits, comme importance, occupent le second rang parmi ceux que fournit l'agriculture. Cette importance s'accroît chaque jour, par suite de la plus grande facilité des transports et des nouveaux débouchés que créent les traités de commerce. Il importe que l'agriculture s'attache à satisfaire ces nouveaux besoins, non-seulement par de nouvelles plantations de vignes, mais aussi par une culture plus soignée et des soins mieux entendus donnés aux vins.

Le département des Deux-Sèvres ne restera pas étranger à ce mouvement ; il saura profiter de cette nouvelle source de richesses, et nombre de ses coteaux, parmi les moins fertiles, se couvriront de vignobles ; car un avantage de la vigne est de se plaire dans les sols impropres aux cultures annuelles, et de donner des produits abondants dans les terrains de prime-abord stériles. Malheureusement, tout porte à croire que la culture de la vigne restera pour toujours inconnue à cette partie des Deux-Sèvres connue sous le nom de Gâtine. Le sous-sol imperméable de cette contrée, son climat plus froid, sont des obstacles que l'homme ne saurait vaincre.

Pour la vigne, peu importe la nature du terrain; qu'il soit calcaire ou non, granitique ou schisteux, elle y réussit, pourvu que l'humidité ne soit pas stagnante et qu'il soit perméable aux racines et à l'eau. De tels sols se rencontrent surtout sur le versant des coteaux et sur les plateaux élevés ; aussi est-ce la station la plus habituelles des vignobles. Une autre circonstance qui influe sur l'aptitude du sol à porter de la vigne, c'est son exposition. Les plus favorables sont celles de l'est, du sud-est, du sud ; puis celles du nord-est et du nord ; enfin en dernière ligne, les expositions du nord-ouest, de l'ouest et du sud-ouest.

Avant de planter, le sol sera tout au moins mis en état et débarrassé des plantes vivaces, comme le chiendent, les ronces, etc., par un ou plusieurs labours. Mais ce n'est pas là une plantation soignée. Une plantation bien faite est toujours précédée d'un défoncement complet du terrain à 0^{m}40 et 0^{m}45. Ce défoncement s'exécute à l'aide d'instruments ou à bras d'homme. Les instruments dont on se sert pour cette sorte de travail sont une charrue suivie d'une fouilleuse comme celle de Bobin. Passées d'abord en long, elles le sont ensuite en travers. Ce genre de défoncement n'est praticable que dans les terrains qui ne sont pas trop rocailleux. Dans les autres, il faut recourir aux bras de l'homme. Si cette manière de défoncer est plus coûteuse, elle présente aussi l'avantage de pouvoir enfouir, soit seulement où se trouvera la vigne, soit sur la totalité du champ, une couche épaisse de végétaux ligneux et de planter à la barre dans de très-bonnes conditions. Disons de suite que c'est une excellente pratique que de planter la vigne sur des végétaux enfouis; tels que bruyères, ajoncs, genêts, bourrées de pins, roseaux, voire même de chaume, mis sur une épaisseur de 0^m 10; ils favorisent d'abord l'enracinement du plant, plus tard sa végétation, et de longtemps il n'est besoin de fumer.

Trois modes de plantation sont surtout en usage pour la vigne: à la barre, en fossettes et en augeots.

A la barre : A l'aide d'une barre de fer, aiguisée à une de ses extrémités, on ouvre des trous, et c'est dans ces trous, profonds de 0^m 30 à 0^m 40, qu'est introduit le plant. Il ne convient de planter ainsi que dans un terrain défoncé, riche ou amendé. Dans tout autre, la terre est trop tassée pour que les racines puissent s'étendre à l'aise, et les trous sont trop étroits pour contenir une dose suffisante d'engrais. Quelles que soient, d'ailleurs, les conditions où l'on plante à la barre, il ne pourra être qu'utile de déposer dans le trou, à l'entour du plant, du terreau, ou encore un mélange de terre et de fumier très-consommé.

Les *fossettes* tiennent le milieu entre la plantation à la barre et les augeots : Ce sont de petites fosses, longues de 0^m 40, larges de 0^m 30, et profondes de 0^m 30 à 0^m 40. En absence de défoncement, et dans une terre manquant d'éléments de fertilité, elles valent mieux que les trous faits à la barre; le plant trouve une terre meuble pour développer ses premières racines, et peut être entouré d'une plus grande quantité d'engrais.

Mais, sans offrir une grande économie sur les augeots, elles n'en présentent pas les avantages.

Les *augeots* sont des fossés de même dimension que les fossettes, s'étendant d'un bout du champ à l'autre. D'ordinaire, on dépose au fond, avant de planter, une couche de terreau ou de végétaux ligneux, dont il a déjà été question. Dans ce dernier cas, les augeots auront des dimensions plus grandes, comme 0^m50 à $0^m 60$ de profondeur, et autant de large. On comprend aussi, sans doute, qu'avant de mettre le plant en place, il faut couvrir cette couche de végétaux d'une couche de terre.

Le plus communément, les augeots se creusent en entier à bras. Dans certaines localités, on est plus expéditif : au moyen de deux traits de charrue, on ouvre une raie de $0^m 40$ à $0^m 50$ de large, et aussi profonde que possible. On complète le travail à la main, et, dans ces augeots ainsi creusés, on plante sur engrais ou végétaux enfouis. En résumé, défoncer à la charrue et en creuser les augeots semblerait être le mode de plantation le plus économique en même temps que celui qui laisse le moins à désirer.

Un détail à ne pas négliger, quel que soit le mode de plantation, est de se servir, pour commencer à combler, de la terre de la surface. Aussi, lorsqu'on creuse les fossettes ou les augeots, doit-on mettre en réserve, sur le côté gauche de la tranchée, la première couche de terre enlevée. Le reste est ensuite successivement ramené à l'entour du plant et tassé avec les pieds. Une fois la plantation achevée, chaque sarment est ravalé à deux yeux.

La vigne se propage par crossettes ou par plants enracinés. La crossette est tout simplement un

11*

sarment détaché avec une portion du bois de l'année précédente. Les plants enracinés, dits aussi *chevelus*, sont des crossettes auxquelles un séjour de un an ou deux en pépinières a fait développer des racines. Avec des chevelus, la plantation est sans contredit plus assurée. Cependant, la difficulté de s'en procurer, leur prix plus élevé leur fait souvent préférer des crossettes, ou du moins les fait réserver pour les terrains très-secs. Le vieux bois adhérant aux crossettes n'est pas nécessaire à leur reprise; il sert seulement, si elles ne sont pas plantées de suite, à préserver du dessèchement les bourgeons inférieurs. Il peut d'ailleurs très-bien se retrancher au moment de planter. Lors de la mise en place des crossettes en fossettes ou en augeots, on est dans l'habitude de les coucher; c'est encore une précaution dont les plants n'ont pas besoin pour reprendre, à preuve dans la plantation à la barre. Cependant on a remarqué queles sarments courbés donnaient des souches plus vigoureuses. Les plants de vigne, crossettes ou chevelus, dès qu'ils restent exposés à l'air, s'éventent et perdent de leur valeur. Aussi, s'ils ne sont pas employés immédiatement, doivent-ils être conservés dans l'eau ou en jauge.

40me LEÇON.

Vigne   (Suite).

La vigne se plante toujours en lignes, mais plus ou moins espacées. Ainsi, dans le Midi (Vaucluse),

la distance est de deux mètres en tous sens, soit
2,500 ceps à l'hectare, et dans l'Orléanais, l'Ain,
les Vosges, elle n'est plus que de 0^m 50, soit 10,000
ceps pour la même étendue. La considération
qui doit surtout guider dans la détermination de
l'espacement des rangs, c'est que la culture à la
charrue soit possible. Cette question est capitale;
chaque jour les bras deviennent de plus en plus
rares et de plus en plus chers ; celui qui ne plan-
terait pas dans la prévision de pouvoir les restreindre, s'exposerait pour l'avenir à de sérieux
embarras. Au-dessous de 1^m 20, les instruments
ne fonctionnent plus que difficilement. Cette limite ne saurait dont être dépassée. Mais la distance la plus convenable est de 1^m 50 à 2 mètres
entre les rangs, et dans les lignes de 0^m 80 à 1
mètre, soit de 5 à 8,000 pieds par hectare, suivant la fertilité du sol. Plus celle-ci sera grande,
plus la vigne peut être épaisse. Dans les vignobles
étendus à rangs de plusieurs centaines de mètres,
où les lignes sont trop rapprochées pour laisser
passer un véhicule, il conviendra de réserver,
de 100 mètres en 100 mètres, des allées perpen-
diculaires au rang, et d'autres, dans le sens des
lignes, tous les 200 mètres environ, formant ainsi
des carrés de deux hectares.

Nous venons de décrire la *plantation en plein*.
Dans certaines contrées, on donne aux lignes un espacement de 3, 4, 5 et même 10 mètres ; c'est la *plantation en joualles*. Cette disposition, surtout adoptée dans le Midi, conviendrait
peu dans les parties de la France moins favorisées
au point de vue de la température.

L'orientation, c'est-à-dire la direction des

rangs, par rapport aux cours du soleil, exerce une certaine influence sur la maturation de la vendange. La meilleure est celle où les ceps sont le plus et le plus longtemps exposés aux rayons du soleil. A ce titre, on préférera la direction du nord au sud, du nord à l'est et à l'ouest, à celles de l'est à l'ouest et du sud à l'est et à l'ouest. Il n'est pas possible de s'y conformer, particulièrement dans les terrains en pente, où, avant tout, les lignes seront établies perpendiculairement à la déclivité, et cela dans le but de prévenir le ravinement du sol et de faciliter le travail.

Le choix de cépage, dont il n'a pas été encore question, n'est pas ce qu'il y a de moins important dans l'établissement du vignoble. Si une plantation, entourée de tous les soins voulus, assure la vigueur et la longévité de la vigne, la qualité et l'abondance de ses produits sont subordonnés au choix du cépage ; c'est donc un soin qui mérite toute attention. Il n'est pas de règle générale à donner à ce sujet : tel cépage, dans une contrée, fera merveille, qui dans telle autre serait sans valeur. Le plus sage est de se conformer aux errements du pays, en choisissant les cépages qui sont réputés donner les meilleurs vins. L'importation en grand d'un cépage étranger n'aura lieu qu'après que des essais auront définitivement fixé sur sa valeur, et cela avec d'autant plus de raison, dans les Deux-Sèvres, que la plupart des vignobles sont sur la limite de la région vinicole. Dans le choix du cépage, on visera aussi plutôt à produire des vins ordinaires de bonne qualité, que des vins fins et de haut prix ; ils trouveront plus facilement des débouchés

et à des cours plus en rapport avec leur prix de
revient. Enfin comme moyen d'améliorer le vin
rouge et de le rendre plus de garde, recomman-
dons d'allier aux cépages rouges un certain nombre de cépages blancs, 1/10e environ.

Les soins d'entretien d'une jeune vigne, pendant la première année, se bornent à des binages
à la main ou à la houe, en nombre suffisant
pour tenir la terre meuble et nette d'herbes. Ils
peuvent être remplacés par la culture de plantes
sarclées entre les rangs, comme pommes de
terre, etc.

Quels que soient les soins apportés à la
plantation, un certain nombre de plants, 2 °/° en
moyenne, manque. On procédera à leur remplacement dès le printemps suivant. Il a toujours
lieu avec des chevelus.

Dès l'hiver qui suit la plantation commence la taille. A cette époque, chacun des jeunes plants est pourvu de un à trois sarments. On
les supprime tous, moins un, le plus près de terre
que l'on taille sur deux boutons. Ces deux boutons se développent et produisent, l'année suivante, deux sarments auxquels on ne laisse que
deux bourgeons. Cette taille donne quatre sarments, qui forment les bras ou branches de la
vigne. Aux variétés qui ne présentent pas une
grande vigueur, on s'en tient à ce nombre de bras,
et chacun des quatre sarments est taillé à 2 yeux.
Pour des cépages plus vigoureux, on porte le
nombre des bras à 6, en faisant bifurquer ,
l'année suivante, deux des quatre sarments conservés. A partir de ce moment, la vigne est for-
mée, et, chaque année, on supprime sur chacune

des branches tous les sarments, sauf le moins élevé, que l'on taille au-dessus du second œil.

Après un certain nombre de tailles, il devient nécessaire de racourcir les branches qui se sont trop allongées. On profitera, pour le faire, du développement, sur le vieux bois, d'un sarment qui sert à les remplacer. La vigne ne se taille pas ainsi partout ; en certaines contrées, on laisse à l'une des branches de tous les ceps ou seulement des plus vigoureux un sarment taillé à **6, 8 et 10 yeux.** Ce sarment, suivant les pays, est connu sous le nom de *verge*, de *pleyon*, d'*aste*, de *vinée*, etc. La verge, chaque année, est supprimée et remplacée par un nouveau sarment. Elle est aussi ployée, en l'attachant à la souche, à un échalas, ou encore en fichant l'extrémité en terre, Un point essentiel est qu'elle le soit avant que la sève entre en mouvement, sans quoi les bourgeons terminaux se développent seuls, et ceux qui sont le plus près de la souche avortent ou restent à l'état latent. La première de ces deux tailles semble la mieux appropriée à la végétation de la vigne et à la production du vin de bonne qualité. Cependant, il est des cépages auxquels la taille à long bois est nécessaire pour les mettre à fruit, tels sont ceux dont les boutons sont très espacés sur le sarment ; tels sont encore quelques autres ne présentant pas ce caractère, comme le *côt*, le *surin* ou *fié*, etc.

Le mode de formation, comme la taille que nous venons d'indiquer, s'applique aux vignes basses. Sont ainsi nommées celles dont la hauteur ne dépasse pas $0^m 50^c$; au-dessus, ce sont les vignes moyennes. Enfin, les vignes de **2 à 3** mètres de haut, et soutenues par des arbres, sont des *hautains*, et des *treilles* celles qui sont appliquées contre un mur Il ne sera pas autrement question de ces trois dernières espèces de vigne. Les vignes basses conviennent seules pour la production du vin dans nos contrées.

Depuis la chute des feuilles jusqu'à la reprise de la végétation, la vigne peut se tailler. Néanmoins, à en juger par ce qui se pratique dans les grands vignobles, la taille d'hiver serait à préférer. Cependant, comme elle a pour effet de hâter la pousse de la vigne et de l'exposer aux gelées tardives, elle ne convient pas dans les vignobles exposés à cet accident.

Le sécateur est l'instrument de plus en plus adopté pour tailler la vigne, et avec raison ; si sa coupe est moins nette que celle de la serpette, en revanche, il n'ébranle pas la souche et est plus expéditif. La coupe doit toujours être faite en biseau, et à $0^m 01^c$, ou $0^m 02^c$ du dernier bouton.

41me LEÇON.

Vigne (Suite.)

A partir de la seconde année de la plantation, la vigne est façonnée comme elle le sera les années suivantes ; elle est déchaussée, rechaussée et binée à différentes reprises. Le déchaussement consiste à déplacer une certaine épaisseur de terre à l'entour des ceps. Il a lieu aussitôt après la taille, durant l'hiver et le printemps. Le but de cette façon est de détruire les radicelles qui ont pu se produire, l'été et l'automne précédent, au collet de la vigne, et de la forcer à développer des racines plus profondes, qui sont moins exposées aux variations atmosphériques et aux atteintes des instruments. Les déchaussements profonds sont considérés comme les plus profitables, dans les contrées où la culture de la vigne est la mieux entendue. Leur profondeur doit d'abord varier avec la sécheresse du terrain. De $0^m 15^c$ dans les terrains frais. Si les déchaussements profonds produisent de bons effets dans les vignes auxquelles ils ont été donnés tels dès le principe, il n'en est pas de même lorsqu'elles ont été jusque-là soumises à des façons superficielles ; elles languissent plusieurs années, tant qu'elles n'ont pas poussé des racines profondes pour remplacer celles de la surface qui ont été coupées. Le déchaussement s'exécute à bras ou à la charrue. Les charrues vigneronnes ne sont pas encore assez perfectionnées pour opérer seules le déchaussement ; elles laissent un talon qui ne peut être enlevé qu'à la main. En même temps que les ceps sont déchaussés, l'intervalle des rangs est labouré ou bêché une première fois.

En mai ou juin, lorsque les bourgeons ont de $0^m 05^c$ à $0^m 06^c$, la terre est ramenée autour des ceps : c'est le rechaussement; il se fait à la main ou à la charrue. Cette fois, la charrue fait seule le travail. A cette époque est encore bêché ou labouré l'intervalle des rangs. Indépendamment de ces deux façons, la vigne est, durant l'été, binée une fois ou deux, selon que l'exige le tassement et l'enherbement du sol. Dans les vignobles échalasses, les binages s'exécutent avec des houes construites à cet effet. Les vignes qui ne sont pas soutenues ne peuvent être binées qu'à bras, ce qui augmente de beaucoup le prix de revient des binages. Ainsi une houe à cheval bine facilement 150 ares par jour. Pour compléter son travail, il faut 5 journées d'homme, soit en tout 6 journées d'homme et une de cheval, tandis que, pour biner à bras, il faudrait 15 jours ; c'est une économie de main-d'œuvre de 3/5es.

Les façons annuelles comprennent encore le remplacement des ceps morts et l'ébourgeonnement. Dès que la vigne est assez forte pour donner des sarments d'une certaine longueur, les remplacements se font par couchage. A cet effet, lors de la taille, on réserve un sarment qui, au printemps, est couché sous terre et rogné à deux yeux. Le nouveau pied, une fois formé, la seconde année on le détache de la souche mère.

L'ébourgeonnement se pratique dès que les grappes sont apparentes. Il consiste à supprimer les bourgeons qui ne portent pas de fruits, ainsi que ceux qui ne seraient pas utiles pour la taille de l'année suivante.

Enfin, dans certains vignobles, à la fin d'août ou au commencement de septembre, alors que la brûlure n'est plus à craindre, dans le but de hâter la maturité et de la rendre plus parfaite, on relève les sarments et on épampre ; autrement dit, on enlève les feuilles qui masquent les grappes. Les échalas dispensent de relever à l'automne, et rendent l'épamprement moins utile.

Dans les vignobles bien tenus, les vignes sont échalassées. Si l'échalassement accroît dans une notable proportion les dépenses, elles sont largement couvertes par une meilleure qualité et une plus grande quantité de fruits. Cela est tellement vrai, que sur 76 départements qui cultivent la vigne en France, 60 échalassent. La longueur des échalas varie, suivant la hauteur des vignes, de 1 à 2 mètres; elle est le plus souvent de 1^m 30^c à 1^m 40^c, dont 0^m 20 à 0^m 30^c sont en terre. Les échalas sont en bois dur, comme châtaignier, chêne, acacia, ou en bois tendre, comme peuplier, saule, pin, sapin, etc. Les premiers durent de 30 à 35 ans, et les seconds de 10 à 15 ans. On prolonge leur durée par la carbonisation de l'extrémité inférieure sur 0^m 30^c à 0^m 40, ou, encore mieux, par le sulfatage. Le sulfatage est une opération peu coûteuse et que chacun peut pratiquer soi-même. Dans une barrique on fait dissoudre du sulfate de cuivre, à raison de 4 kilos par hectolitre d'eau. Une fois la dissolution opérée, on y plonge les échalas complètement façonnés. Ils séjournent ainsi jusqu'à ce qu'ils aient pris une teinte bleue, ce qui demande 10 à 15 jours. Ils sont alors retournés, afin d'injecter la partie supérieure. L'injection terminée, ils sont retirés et mis à sécher, à l'ombre, et employés. Les vignes commencent à être échalassées la 3e ou 4e année. Les échalas sont mis en place aussitôt après le déchaussement. Ils sont enfoncés à l'aide de maillets en bois, ou mis dans des trous creusés à l'avance avec une barre de fer. Le plus souvent on met un échalas à chaque cep. Cependant, il est des vignes où le même sert à deux ceps. L'accolage, ou le liage des sarments aux échalas, a lieu lorsqu'ils ont atteint 0^m 50^c à 0^m

60. Les liens que l'on emploie sont ou des joncs, ou de la paille de seigle préalablement trempée, ou de petits osiers, ou encore de petits brins de chanvre. Après les vendanges, les échalas sont arrachés, puis dressés verticalement en meules de plusieurs centaines. En même temps sont triés et mis à part ceux qui sont en mauvais état, pour être aiguisés ou remplacés pendant l'hiver.

Depuis quelques années, le fil de fer tend à se substituer aux échalas, comme étant plus écomique. D'après cette méthode, deux fils de fer, que supportent de forts échalas plantés de 5 mètres en 5 mètres, sont tendus, le premier à 0^m 30^c ou 0^m 40^c de terre et le second à 0^m 60^c ou 0^m 70^c. A mesure que les sarments y atteignent, ils y sont attachés. L'hiver on enlève les fils de fer et leurs supports, pour les remplacer au printemps. Le fil de fer qui sert à cet usage est enduit de goudron ou galvanisé, pour le préserver de la rouille.

42me LEÇON.

Vigne (Suite).

Peu de questions ont été aussi controversées que celle de savoir si la vigne doit être fumée. Il n'y a pas à le contester, une grande quantité d'engrais, de ceux surtout qui communiquent à la vigne trop de vigueur, ne peut qu'amener une diminution dans la qualité des vins. Mais des engrais qui ne se décomposent que lentement, qui ne cedent, chaque année, à la vigne que ce qu'elle est à même d'élaborer, ne peuvent que produire de bons effets. Ue fumier d'étable, les composts, les terreaux, les curures de fossés, d'étangs, de rivières, les gazons, les marcs de raisins, les végétaux ligneux, les pailles, le chaume, les cendres vives ou lessivées, les chiffons de laine, les râpures de corne, les rognures de cuir, les os concassés, le guano, les engrais verts, la chaux et la marne sont les engrais et les amendements les plus habituels de la vigne.

Le fumier d'étable est l'engrais le plus souvent employé. On lui reproche cependant d'agir avec trop d'énergie et de durer peu. Il faut, en effet, y revenir tous les 3 ou 4 ans. Aussi conseille-t-on de le mélanger avec de la terre pour en former des terreaux, dont les effets, moins immédiats, sont plus durables. Les gazons, les curures de fossés, les vases d'étangs, de rivières, après exposition à l'air jusqu'à décomposition, sont les matières qui se mélangent le plus ordinairement au fumier, pour en former des terreaux. Les terres de jardins, de champs, fortement fumées, servent aussi à la fumure des vignes.

Les marcs de raisin ne s'emploient que quelques mois après leur sortie des cuves ou du pressoir. Il n'est pas d'engrais qui convienne mieux à la vigne, restituant, comme il le fait, au sol, bonne partie des éléments que la production du vin leur a enlevés.

Les végétaux ligneux, comme les bruyères, les ajoncs, les genêts, le genèvrier, les rameaux de pin, sont une précieuse ressource où l'on peut s'en procurer. D'une décomposition lente, ils

donnent à la vigne une vigueur qui n'a rien d'e-
xagéré, et ne changent en rien la qualité du vin.
Leur durée est de 10 et même 12 ans. Ils s'emploient entiers ou broyés dans les cours, par les
charrettes et les animaux. Les sarments, enfouis
entiers aux pieds des vignes, produiraient, paraît-il, les mêmes effets. Agissent de même, mais
durant un temps moins long, le chaume, la paille
de colza, les fougères, les roseaux, et enfin les
chiffons de laine, à raison de 3 à 4,600 kilos par
hectare, pour 5 et 6 ans ; les cendres vives ou
lessivées, à raison de 1/4 à 1/2 litre par cep,
pour deux ou trois ans. Les râpures de corne, les os
concassés, les rognures de cuir, d'un usage moins
fréquent, s'emploient comme les chiffons de laine,
le guano, à la dose de 100 grammes par pied environ.

Deux manières d'appliquer les engrais aux vignes : ou de les déposer à l'entour des ceps
préalablement déchaussés, ou dans une rigole
creusée au milieu de l'espace qui sépare chacun
des rangs. Dans l'un et l'autre cas, ils doivent
être assez profondément enfouis pour n'être pas
atteints par les façons. Le premier mode mérite,
sans contredit, la préférence. Il est d'abord moins
dispendieux ; la rigole qu'il exige pouvant être,
à peu de chose près, creusée à la charrue, et une
fois pleine d'engrais, comblée de même. Puis les
racines ne sont pas attirées à la surface du sol,
où elles ont à craindre la sécheresse et les atteintes
des instruments, ni retenues à l'entour du cep,
mais obligées, pour aller chercher l'engrais, de
s'étendre au loin. Une seule rigole ne suffit plus
lorsque l'écartement des rangs dépasse deux mè-

tres. Deux, placées chacune à un mètre du rang, deviennent nécessaires. Il ne s'agit ici que des engrais offrant un certain volume. Pour les engrais pulvérulents, on se borne à les déposer aux pieds des ceps, dans un trou creusé lors du déchaussement, à la bêche ou à l'aide d'une barre de fer. Les vignes se fument au printemps et en hiver, surtout à cette dernière époque pour les engrais lentement assimilables.

Les vignes ne se fument pas ainsi partout. Dans certains vignobles , et surtout dans ceux dont les rangs sont très-espacés, on sème dans l'intervalle, si le sol est léger et siliceux, du lupin blanc et des vesces, ou des fèves s'il est argileux, pour enfouir en mai ou en juin, à l'apparition des fleurs. Dans certains vignobles, dont le terrain n'est pas calcaire, la marne et la chaux sont employées avec succès : la chaux sous forme de compost, et la marne comme pour les terres arables.

43ᵐᵉ LEÇON.

Vigne (Suite).

Il est peu de récoltes exposées à autant d'accidents que celle de la vigne. La gelée, la grêle, les maladies, les insectes, sont autant de fléaux qu'elle a à craindre.

La vigne peut geler à l'automne, en hiver et au printemps. La gelée, à l'automne, ne peut faire de mal qu'au raisin qui ne serait pas mûr et à quelques sarments insuffisamment aoûtés. Durant l'hiver, par les froids très-intenses, les sarments de l'année et le vieux bois sont désorganisés. Mais le cas est très-rare dans nos contrées. Les gelées d'avril ou de mai sont plus à craindre; souvent, après elles, il ne reste plus rien, et cela sur de vastes surfaces. Malheureusement, il n'est pas moyen de s'en préserver. On a proposé, il est vrai, comme préservatif, les abris, ou encore de brûler dans les vignes, lorsque l'abaissement de température et un ciel serein font craindre qu'il gèle, des bruyères, de la paille humide; mais si ces préservatifs sont efficaces, ils ne présentent rien de bien pratique.

Les ravages de la grêle, quelquefois tout aussi complets que ceux de la gelée, s'étendent à une moindre étendue. Ils ne se bornent pas toujours à l'enlèvement de la récolte sur pied. Les ceps meurtris par les grêlons s'en ressentent plusieurs années. Jusqu'ici il n'est pas connu de moyen de se préserver de la grêle. Les pluies persistantes sont aussi funestes à la vigne. Au moment de la maturité, elles font pourrir le raisin, et couler au moment de la floraison. La coulure est aussi occasionnée par un abaissement de température. A une cause tout opposée est due la *brûlure*. A la fin de juillet ou commencement d'août, par de fortes chaleurs, beaucoup de grappes, surtout dans les terrains blancs, sont desséchées. A la brûlure, comme à la coulure, il n'est, à proprement parler, pas de préservatif. Il n'en est pas plus, lorsqu'à la suite de chaleurs intenses et persistantes, les feuilles jaunissent, se flétrissent et tombent.

On connaît à la vigne quatre principales maladies : *l'oïdium*, *la jaunisse*, *le rougeot* et *la brouïssure*.

L'oïdium est la plus redoutable. Il ne borne pas ses ravages à la récolte de l'année, mais il s'attaque aux sarments, les désorganise, et, s'il n'est pas porté remède, le cep finit par périr. L'oïdium date de 20 ans environ ; il fut remarqué pour la première fois en Angleterre, en 1845, sur une treille cultivée en serre. Depuis, il est peu de vignobles qu'il n'ait visités. L'oïdium n'est autre qu'un champignon microscopique qui envahit par myriades les différentes parties de la vigne. La cause en est encore indéterminée. Tout le monde connaît l'oïdium. D'ailleurs, des taches qui apparaissent d'abord blanc-grisâtre sur les feuilles, les grappes et les sarments, puis brunissent les feuilles qui tombent, les sarments qui se désorganisent, les grappes dont les grains se fendent et pourrissent : tels sont les caractères qui servent à le faire reconnaître. Il a été proposé de nombreux spécifiques ; jusqu'ici un seul, le soufre, a réussi. Il a été reconnu que le soufre, non-seulement préservait la vigne de l'oïdium, mais qu'il la fertilisait, tellement qu'il est des vignobles où la maladie, viendrait-elle à disparaître, que l'on continuerait le soufre à titre d'engrais. Le soufre n'agit qu'autant qu'il est épandu uniformément et bien divisé sur toutes les parties vertes de la vigne, et avec d'autant plus d'efficacité qu'il est appliqué au début de la maladie. Il agit cependant encore, employé abondamment et à peu de jours d'intervalle, lorsque les grains commencent à se fendre. On voit souvent la fente se refermer et une cicatrice se produire.

La première apparition de la maladie a quelquefois lieu dès le mois de mai. A cette époque, elle se borne à quelques pieds qu'il suffit de soufrer pour qu'elle disparaisse. La première invasion générale n'a lieu que quelque temps après, une quinzaine de jours avant la floraison. Elle ne peut être combattue que par un soufrage complet de toute la vigne. Quels que soient les soins apportés à ce soufrage, il ne suffit pas, et on ne sera pas étonné de voir, peu de temps après la floraison, apparaître de nouveau la maladie ; il faut encore soufrer en entier. Le plus souvent, les deux soufrages généraux suffisent ; néanmoins, quelquefois, un troisième soufrage complet devient nécessaire, dans la première quinzaine d'août. Mais le cas est rare, et ne se présente que pour des vignes situées sur des terrains humides appartenant à des cépages plus sujets que les autres à l'oïdium, comme le *fer*, le *petit verdot*, etc. En dehors de ces conditions, l'apparition de l'oïdium à cette époque sera limitée à quelques ceps sur lesquels le soufrage a été insuffisant ou mal exécuté, et qui devront être soufrés de nouveau avec soin. On s'assurera, d'ailleurs, par des ceps que l'on saura avoir été soufrés avec tout le soin voulu et en temps convenable, si la maladie tient à l'insuffisance du soufrage ou à une invasion nouvelle.

Il est toujours, dans une vigne, des pieds qui sont attaqués les premiers : ceux qui sont dans les parties humides ou ombragées. C'est par eux que l'on est averti de l'invasion de la maladie et de la nécessité de soufrer. Ces pieds portent, pour ce motif, le nom de *moniteurs*

Le temps le plus convenable pour soufrer est un temps sec et chaud. On soufre également après une petite pluie ou la rosée. Les fortes pluies, avant que le soufre ait produit ses effets, les annulent et obligent à recommencer. L'instrument le plus en usage pour l'épandage du soufre est le soufflet de M. de Lavergne, du prix de 3 fr.

La quantité de soufre, variable d'après le nombre et le développement des ceps, est en moyenne, par hectare, de 15 kilos pour le premier soufrage, et de 50 kilos pour le second, soit un total de 65 kilos, dont le prix est de 16 à 18 fr. Le soufre sublimé a été seul d'abord employé. Il est maintenant reconnu que le soufre trituré, très-fin, produit les mêmes effets. Ce dernier a l'avantage de coûter beaucoup moins cher. A la dépense du soufre il faut ajouter celle de la main-d'œuvre, qui est, pour le premier soufrage, d'une journée par 2,000 pieds, et du double de temps au second soufrage.

La *jaunisse* et le *rougeot* sont deux maladies qui ne diffèrent entr'elles que par la couleur que, sous leur influence, prennent les feuilles de la vigne. Les feuilles de vigne malades deviennent jaunes dans la jaunisse, et rouge lorsque c'est le rougeot. La jaunisse, comme le rougeot, tient au mauvais état des racines, dû à des insectes ou à une humidité stagnante. On guérit quelquefois ces maladies par l'assainissement du terrain et la fumure.

La *brouissure* ou *mieillée* se reconnaît à ces caractères : les feuilles, l'extrémité des sarments, les grains même prennent une teinte grisâtre due à ce que l'épiderme se fendille et se dessèche. On attribue cette affection à des pluies froides, après un temps chaud, et une récolte trop abondante l'année précédente. On la fait disparaître en fumant abondamment les ceps atteints, et les privant de récolte une année.

En fait d'insectes ennemis de la vigne, on connaît entr'autres : l'*eumolpe*, l'*attelabe de la vigne*, la *pyrale*, l'*altise* et le *hanneton*. Ces différents insectes n'attaquent que les parties vertes de la vigne, sauf cependant l'eumolpe et le hanneton dont les vers vivent aux dépens des racines ; et pour le hanneton, ce sont les ravages les plus sérieux. Chacun de ces insectes est facilement reconnaissable. L'*eumolpe* laisse sur l'envers des feuilles qu'il ronge des traces que l'on a comparées à des caractères d'imprimerie. L'*attelabe* enroule les feuilles pour y déposer ses œufs. La *pyrale* tresse ses nombreux fils soyeux à l'entour des grappes lors de la floraison ou de la maturité. L'*altise* se reconnaît aux sauts qu'elle fait dès que l'on approche. Enfin, le *hanneton* est connu de tout le monde; quoique les ravages de ces insectes soient quelquefois considérables, aucun des moyens proposés pour les détruire n'est passé dans la pratique.

Au bout d'un certain laps de temps, quels que soient d'ailleurs les soins que reçoive une vigne, ses produits diminuent et cessent d'être rémunérateurs. Deux systèmes alors, ou d'attendre que la vigne soit arrivée à ce degré de vieillesse, l'arracher pour la replanter en entier, ou devancer cette époque et, chaque année, en renouveler une partie, de manière à l'éterniser sur le même sol. La vigne se renouvelle partiellement par le *provignage*, le *marcottage* et le *récépage*. Le *provi-*

gnage consiste à coucher le cep dans une fosse creusée à son pied, ne laissant dépasser hors de terre qu'un sarment que l'on coupe à deux yeux et qui formera la nouvelle souche ; le *marcottage*, à laisser, lors de la taille, un sarment assez long pour être couché, comme il a été dit lorsqu'il s'est agi du remplacement des ceps morts ; enfin, le *récépage*, à raser la souche entre deux terres et à conserver parmi les sarments que fait naître cette opération, le plus vigoureux pour former un nouveau cep. De ces deux systèmes, mérite la préférence, comme donnant des ceps plus vigoureux et plus rustiques, celui du renouvellement entier par la plantation. D'après ce système, une fois arrivée à un état de vieillesse tel qu'il n'y a plus intérêt à la conserver, la vigne est arrachée, le terrain est cultivé, autant que possible, en plantes améliorantes et à longues racines, comme le trèfle, la luzerne, le sainfoin ; puis quelques années après, alors que les racines de la vigne ont eu le temps de se décomposer, et les couches inférieures celui de s'améliorer par les infiltrations pluviales, on replante.

Dès la troisième année, une jeune vigne peut commencer à donner quelques grappes, mais ses produits ne deviennent appréciables que vers la cinquième et sixième années et peuvent se continuer durant 30 et 40 ans, et même au-delà. Le rendement d'un hectare de vigne, qui n'est en moyenne que de 25 à 30 hectolitres de vin, peut, dans beaucoup de cas, s'élever à 50 et 60. On en cite même de 100 et 110. Ces chiffres concernent les cépages rouges ; les cépages blancs sont en général plus productifs.

44me LEÇON.

Drainage et irrigation.

Drainage. — Le drainage a pour but l'assainissement du sol. Dans certains terrains, par le fait
d'une trop grande humidité, s'ils sont en terres arables, les façons culturales sont d'une exécution difficile, les récoltes souffrent, succombent même;
s'ils sont en prairies, ils ne produisent que joncs,
des roseaux et autres plantes de mauvaise nature.
Ce sont les terrains à drainer. L'humidité peut
être générale et s'étendre à tout un champ ou
seulement à une partie. Selon le cas, le drainage
doit être *complet* ou *partiel*. Le drainage est dit
complet, lorsqu'il comprend tout un champ, et
partiel s'il ne s'applique qu'à une ou quelques
portions. Le drainage complet demande, pour
être exécuté convenablement sur une certaine
étendue, l'habitude de ces sortes d'opérations.
Aussi le mieux est-il d'en confier l'exécution à
une personne expérimentée, et cela avec d'autant plus de raison, dans les Deux-Sèvres, qu'un
agent draineur spécial est chargé de faire les études et de surveiller gratuitement les travaux de
drainage chez les propriétaires du département
qui en font la demande. Sa résidence est à Parthenay.

Pour le drainage partiel, il n'y a qu'à ouvrir,
dans les parties humides, des tranchées qui vont
aboutir au fossé le plus voisin. Ces tranchées
sont ensuite comblées, après que l'on a déposé

12*

au fond des tuyaux ou plutôt des pierres. La première condition, en fait de profondeur, est que pierres ou tuyaux, ne soient pas atteints par les labours. On adopte ordinairement de 1 mètre à 1^m 2) avec une pente au moins de 0^m, 001, lorsqu'on se sert de tuyaux et de 0^m, 006 lorsque ce sont des pierres. La largeur, pour éviter des déblais, doit être aussi faible que possible ; elle peut être réduite, au fond des tranchées, à 0^m, 1) pour les tuyaux, et à 0^m, 20 pour les pierres, avec une ouverture de 0^m, 60 à 0^m, 70. Comme tuyaux, les plus convenables sont ceux de 5 à 6 c. de diamètre, et comme pierres, celles de même grosseur que pour les routes. Elles se mettent au fond de la tranchée sur une épaisseur de 0^n 30. Un mètre cube de pierres cassées fait de 12 à 14 mètres de drainage.

Irrigation. — L'irrigation est un des agents de fertilisation le plus puissants, surtout dans les contrées méridionales où elle est appliquée à presque toutes les récoltes. Dans les nôtres, elle ne l'est qu'aux prairies naturelles. On connaît différents systèmes d'irrigation. On donne généralement la préférence à celui par rigoles de niveau Pour établir des irrigations de ce genre, le tracé des courbes de niveau et des rigoles demande des connaissances spéciales qui ne s'acquièrent que par la pratique. Aussi, le meilleur conseil que nous puissions donner est-il de s'adresser au draineur du département, qui est chargé de faire exécuter les irrigations dans les mêmes conditions que le drainage Nous dirons seulement que la condition essentielle, pour qu'une irrigation, quelle qu'elle soit, réussisse, c'est que

le terrain soit assez plan pour que l'eau n'y séjourne pas et qu'elle puisse être aussi facilement
enlevée que mise.

Toutes les eaux ne conviennent pas aux irrigations ; il en est qui ne font croître que des joncs,
des roseaux et autres herbes de mauvaise qualité. On les corrige de ce défaut en les faisant
passer dans des réservoirs, remplis de fumier,
de marne, de charrée. Nous ne reviendrons pas
sur les époques auxquelles on doit irriguer ; il
en a été question aux soins d'entretien des prairies, page 152.

FIN.

Les instruments que nous donnons ci-après, ainsi que plusieurs de ceux qui se trouvent dans le cours de l'ouvrage, sortent de la fabrique de MM. Bodin, père et fils, à Rennes.

Hache-Paille.— Prix : 100 à 110 francs.

Semoir Bodin.— Prix: 120 francs.

Laveur de racines.— Prix: 150 francs.

Pressoir à vis en fer. — Prix : 250 francs.

Coupe-racines. — Prix: 60 francs.

TABLE DES MATIÈRES.

FIN DE LA TABLE DES MATIÈRES.

Imp.   Damelet, à Lons-le-Saunier (Jura).